Schriftenreihe des
Österreichischen Wasserwirtschaftsverbandes
Heft 22

Probleme der Kraftwasserwirtschaft in Mitteleuropa

Von

Dipl.-Ing. Dr. Oskar Vas
Wien

Mit 27 Textabbildungen

Springer Fachmedien Wiesbaden GmbH
1952

ISBN 978-3-211-80278-6 ISBN 978-3-7091-4087-1 (eBook)
DOI 10.1007/978-3-7091-4087-1

Sonderabdruck aus
„Österreichische Wasserwirtschaft"
Heft 3 und 4, Jahrg. 4 (1952)

Auszugsweise Wiedergabe eines auf der Wassertagung 1951 in Essen und im Österreichischen Ingenieurhaus in Wien im Oktober 1951 gehaltenen Vortrages

Inhaltsverzeichnis

I. Allgemeines

Wasserwirtschaft[1] ist die Gesamtheit aller Eingriffe in den natürlichen Wasserkreislauf — im umfassenden Sinne des Wortes verstanden —, und damit eine Einheit höchster Rangordnung, begründet in der Bedeutung des Wassers in allen seinen Wirkungsformen für den Menschen und seine Wirtschaft, für die belebte und unbelebte Natur. Mögen sich diese Eingriffe auf die Abwehr von Schäden oder auf die Erzielung eines Nutzens beziehen, immer dürfen sie nur als Teile dieser Gesamtheit aufgefaßt werden, die aus dem großen Ganzen ohne abträgliche Folgen für dieses oder einzelne seiner Sparten nicht herausgelöst werden können.

Für diese Auffassung hat die Wiener Schule eindringlich gewirkt — ich nenne hier nur die Namen Halter[2], meines verehrten Lehrers, der Zeit seiner Lehrtätigkeit an der Wiener Technischen Hochschule für den übergeordneten Begriff Wasserwirtschaft eingetreten ist, Jenikowsky, Rosenauer und Zatloukal[3] —, und es darf uns mit großer Befriedigung erfüllen, daß die Auf-

---

[1] Ramsauer, B.: Wasserbau und Wasserwirtschaft in Österreich. Österr. Wasserwirtschaft, Heft 4, 1952.

[2] Halter, R.: Wasserbau und Wasserwirtschaft. Zeitschrift des ÖJAV, Heft 5, 1916.

Ders.: Deutschösterreichs Wasserwirtschaft. Wochenschrift des nied.-österr. Gewerbevereines, 1919.

[3] Zatloukal, V.: Wasserwirtschaftliche Planungen. Österr. Wasserwirtschaft, Heft 1/2, 1949.

fassung von einer integralen Wasserwirtschaft heute unbestritten ist. Der Österr. Wasserwirtschaftsverband[4] hat diese Auffassung seit jeher vertreten und er darf für sich wohl das Verdienst in Anspruch nehmen, daß seine Tätigkeit wesentlich zu der Verbreitung dieser Auffassung beigetragen hat.

Wenn wir die Berichte über die Wasserwirtschaft des Altertums näher untersuchen, so erkennen wir, daß schon in den ältesten Zeiten fast alle die verschiedenen wasserwirtschaftlichen Aufgaben aufgetreten sind, die uns heute obliegen. Vom Wesentlichen her neu ist nur die Beseitigung des mit so mannigfachen schädlichen Stoffen belasteten Abwassers[5] aus der Zusammenballung von Menschen und Industrie und die moderne Wasserkraftnutzung. Es sind genau sechzig Jahre, seit jener Wendepunkt eingetreten ist, der die Wasserkraft aus ihrer lokalen Beschränktheit befreite und sie mit den anderen Energieträgern in einen echten wirtschaftlichen Wettbewerb um die Erzeugung von elektrischen Strom eintreten ließ, wodurch sie erst zu der Bedeutung gelangte, die ihr nun zukommt; und heute wie vor sechzig Jahren muß die Wasserkraft ihre Wirtschaftlichkeit gegenüber Kohle und Öl unter Beweis stellen. Wer erinnert sich nicht an die Auseinandersetzungen über die Elektrifizierung der Bahnen,

[4] Vas, O.: Die Wasserwirtschaft und ihre Bedeutung für Österreichs Wiederaufbau. Schriftenreihe des ÖWWV, Heft 5, 1946.

Ders.: Wasserkraftnutzung und wasserwirtschaftliche Planung. In „Jahrbuch der Hochschule für Bodenkultur in Wien", Bd. II (1948).

Carl, A.: Die Bedeutung der Wasserwirtschaft für die wirtschaftliche und kulturelle Entwicklung Deutschlands. Wasser und Boden, Heft 6, 1951.

[5] Vas, O.: Ziele und Wege der Abwasserwirtschaft. Schriftenreihe des ÖWWV, Heft 4, 1938.

die z. B. in Österreich im Jahre 1929 eine vorübergehende Einstellung zugunsten der Kohlentraktion[6] gezeitigt haben, oder an die Auseinandersetzungen, die gerade in Nordwestdeutschland in den letzten Jahren, nicht nur zu einem Kampfe von Kohle gegen Wasserkraft, sondern auch von Steinkohle gegen Braunkohle geführt haben. Es gibt gewiß oberflächlich liegende und infolge ihres geringen Heizwertes (1500 bis 1700 WE/kg) sonst nicht verwertbare Braunkohle jüngsten geologischen Alters, die als billigste gegenüber allen anderen Energiequellen einen beträchtlichen Vorsprung hat, zum mindesten solange sie im Tagbau gefördert werden kann. Aber ebenso gewiß muß jede Kohle erst verbrannt werden, bevor die ihr innewohnende Energie frei wird, während die Wasserkraft so ewig ist wie das Zentralgestirn, das die Dynamik des Wasserkreislaufes bewirkt.

Nur durch eine auf die Besonderheiten der beiden Energiequellen abgestellte Zusammenarbeit von hydraulisch und kalorisch gewonnener Energie kann jenes Optimum erreicht werden, das wir anstreben müssen. Allerdings dürfen hierbei rein privatwirtschaftliche, auf die Interessen eines Unternehmens oder einer Gruppe allein gerichtete Überlegungen nicht in den Vordergrund gestellt werden. Solche waren letzten Endes die Ursache, daß die Stromkrise nach dem Jahre 1945 einen derartigen Umfang angenommen hat; sie waren auch die Ursache für die erwähnte Unterbrechung der Elektrifizierung der ÖBB, und sie

[6] Elektrisierung Salzburg — Wien. Gutachten des Vorstandes der Öst. B. B. Wien, 1928. Gutachten über die Elektrifizierung der Strecke Wien — Salzburg, erstattet an den Herrn Bundesminister für Handel und Verkehr von dem hiezu bestellten Sachverständigenkollegium, Wien: Verlag von J. Springer, 1928.

haben einige Jahre später beispielsweise den Ausbau des Donaukraftwerkes Ybbs-Persenbeug verhindert, weil man um Zehntelgroschen gefeilscht hat, anstatt zu erkennen, daß der Strom aus der fertigen Wasserkraftanlage, wenn schon nicht sofort, so doch nach wenigen Jahren unter allen Umständen billiger sein würde als der kalorisch erzeugte Strom.

II. Wettbewerb Kohle — Wasserkraft

Heute gibt es keine überschüssige Kohle, die nur auf die Verbrennung unter den Dampfkesseln einer Wärmekraftanlage wartet. Jede neue solche Anlage erfordert, mag ihre Leistungseinheit auch mit einem niedrigeren Aufwand von Geldeinheiten aufzustellen sein, als etwa die einer aus Lauf- und Speicherwerken gebildeten, elektrizitätswirtschaftlich gleichwertigen Wasserkraftgruppe, Aufwendungen im Kohlenbergbau entsprechend dem vorgesehenen Energieaufbringen.

Man muß daher neben den spezifischen Aufwendungen für das kalorische Kraftwerk selbst auch jene Aufwendungen einbeziehen, die als Investition in einer Kohlengrube zur Förderung der entsprechenden zusätzlichen Kohlenmengen nötig sind. Man darf ferner nicht den höheren Jahresbetriebskostenfaktor der Dampfkraftwerke übersehen und man muß schließlich in Rechnung stellen, daß der Betrieb einer Wasserkraft nur einen Bruchteil der menschlichen Arbeitskraft bindet, den der Betrieb eines kalorischen Kraftwerkes samt der für seinen Verbrauch arbeitenden Kohlengrube erfordert.

Der Franzose Crosnier hat im vergangenen Jahr der 4. Weltkraftkonferenz in London einen Bericht[7] vorgelegt,

[7] Crosnier, P.: Répartition des nouvelles puissances thermiques et hydrauliques installées en Algérie. Sect. H. 1. Paper Nr. 13.

in dem er für die Verhältnisse im französischen Mutterland und in Algerien eine diesbezügliche Rechnung aufgestellt hat. Sie endete durchaus zugunsten der Wasserkraft. Er weist nach, daß trotz der niedrigeren Investitionskosten des Dampfkraftwerkes die Stromkosten aus einem gleichwertigen Wasserkraftspeicherwerk niedriger sind. Mit Nachdruck betont er, daß im Wasserkraftwerk pro Kopf der im Betrieb Beschäftigten 5 GWh, im Dampfkraftwerk aber nur 0,7 bis 0,8 GWh gewonnen werden können.

Ähnliche Überlegungen wurden in Österreich angestellt, bevor man an den Bau des Dampfkraftwerkes St. Andrä im Lavanttal schritt, das in seinem ersten Ausbau 67,5 MW leisten wird. Der erste Maschinensatz ist im Februar 1952 in Betrieb gegangen.

Eine ganz rohe Vergleichsrechnung ergibt folgendes Bild: Der Geldaufwand für ein installiertes kW beträgt etwa 3000 Schilling; bei einem Arbeitsfaktor von 33% entsprechend der durchschnittlichen Belastung der österreichischen Dampfkraftwerke werden als Installationsbedarf für die Kohle 400 Schilling benötigt. Ein großes Speicherwerk, wie etwa die Oberstufe Kaprun oder die Speicherstufe Huben, benötigt 5000 Schilling je installiertes kW (alles auf der gleichen Preisbasis von 1950). Hiebei ist zu bedenken, daß die Speicherenergie wertvoller ist, da die Kraftwerke einen Arbeitsfaktor von etwa 20% haben werden. Die Jahreskosten des Dampfkraftwerkes für 1 kW ergeben sich bei dem erwähnten Arbeitsfaktor von 33% mit 750 bis 810 Schilling, d. s. mit 25 bis 27% seines Installationsaufwandes, die Jahreskosten für 1 kW des Speicherwerkes betragen aber nur 450 bis 500 Schilling; die Arbeitseinheit des Dampfkraftwerkes erfordert daher einen Aufwand, der um 50 bis 80% höher ist als der für den Strom aus dem Wasserkraftwerk. Die kWh des Speicherkraftwerkes kostet unter Berücksichtigung des oben erwähnten Arbeitsfaktors von 20% 25 bis 30 Groschen. Demgegenüber kostet die Kohle, die man zur Erzeugung von 1 kWh aufwenden muß, in Österreich heute von 16 Groschen im günstigsten Falle für heimische Braunkohle, die nur in sehr beschränktem Maße zur Verfügung steht, bis 40 Groschen für amerikanische oder polnische Steinkohle. Dazu kommen noch die übrigen arbeitsabhängigen Kosten und die festen Kosten, die auf Grund der früher angegebenen Zahlen 15 bis 20 Groschen pro kWh betragen.

In diesem Zusammenhang erübrigt sich wohl jede weitere Auseinandersetzung in der Wirtschaftlichkeitsfrage, denn schon diese runden

Zahlenangaben beweisen zur Genüge die eindeutige wirtschaftliche Wettbewerbsfähigkeit der Speicheranlagen im allgemeinen. Dazu kommt, daß die Kosten des Wasserkraftwerkes durch die Abschreibung um viel mehr verbilligt werden als die des Dampfkraftwerkes, dessen Kosten mit den steigenden Kohlenpreisen zunehmen, und daß die Lebensdauer der Wasserkraftanlage um vieles höher ist als die der kalorischen Anlage. Naturgemäß sind in jedem Einzelfall, insbesondere beim gegenseitigen Vergleich von zur Auswahl stehenden Kraftwerksentwürfen genaue Rechnungen anzustellen. Sie sind jedem Fachmann geläufig.

Für ein Ausbauprogramm in Osttirol, dem die erwähnte Speicherstufe Huben angehört, ist durch ein ausländisches Finanzierungsunternehmen eine ähnliche Wirtschaftsrechnung angestellt worden. Sie schließt mit der Feststellung, daß die Kosten des in dieser Anlage erzeugten Stromes einschließlich der Übertragung nach Italien niedriger sind als die kalorische Erzeugung elektrischer Energie in Norditalien.

III. Speicherbau

Hat man zu Beginn des Wasserkraftausbaues zunächst die Rosinen aus dem Wasserkraftdargebot herausgesucht, so entsprach dies der wirtschaftlichen Logik. Es war durchaus gerechtfertigt, daß man zuerst auf die dem Verbrauchsort günstiger gelegenen Wasserkräfte griff und nur solche mit besseren Anlageverhältnissen ausbaute.

Der nach dem ersten Weltkrieg eintretende Fortschritt im Wasserkraftausbau, der auch heute noch anhält, brachte es aber mit sich, daß die ausgebauten Werkseinheiten immer größer wurden und daß man beim Ausbau der Wasserkräfte sich in Gegenden zurückziehen mußte, die schon weit von den Verbrauchsschwerpunkten entfernt liegen, besonders bei der Ausführung der Speicheranlagen, deren Aufgabe es ist, den Gang der natürlichen Wasserführung an den Gang des Strombedarfes anzupassen.

Das Problem des Speicherbaues, das in der Natur des Wasserkreislaufes begründet ist, hat trotz der fortschreitenden Vermaschung der Netze nichts von seiner Bedeutung verloren. Es verdient im Zeitalter der Verstaatlichung der Elektrizitätswirtschaft um der wissenschaftlichen Wahrheit willen festgehalten zu werden, daß das klassische Vorbild für den elektrischen Verbundbetrieb zwischen einem Laufkraftwerk und einem Speicherkraftwerk privater Initiative entsprungen ist, nämlich der Ausbau des Löntschwerkes in der Schweiz im Jahre 1908 zur Ergänzung des Aare-Kraftwerkes Beznau aus dem Jahre 1902. Beide Kraftwerke sind Gründungen der privaten schweizerischen Motor A. G. (der heutigen Motor-Columbus A. G.) und gingen erst 1914 durch Verkauf an die kantonale Zweckgemeinschaft der Nordostschweizerischen Kraftwerke A. G. über, des heute größten schweizerischen Stromlieferungsunternehmens[8].

Die Wirtschaftlichkeit großer Jahresspeicher wurde vorher bereits gezeigt. Selbstverständlich aber können Großspeicher nicht in Wettbewerb treten mit Braunkohle-Kraftwerken aus oberflächlichen Flözen, wie es das bestehende Kraftwerk „Goldenberg" ist, oder „Frimmersdorf" und „Weisweiler" (alle im rheinischen Kohlengebiet gelegen) sein werden[9]. Solche Werke gibt es jedoch nur in geringer Zahl; die für sie erforderlichen Voraussetzungen treffen selten zu.

Die Anlage von Speicherwerken, wie übrigens auch die der großen Flußstauwerke mit ihren 10, 20, ja 30 und mehr km langen Stauhaltungen bringt uns in Widerspruch mit der Land-

---

[8] Erny, E.: 25 Jahre NOK. Baden 1914 bis 1939.

[9] Rheinisch-Westfälisches Elektrizitätswerk A.G., Essen. Sonderschrift Kraftwerksprojekte 1949.

schaft, im weitesten Sinne des Wortes verstanden, und stellt uns vor technische Probleme, die in der Summe bewirken, daß der Ausbau relativ immer teurer wird.

Wenn auch diese Tendenz zum Teil sogar noch ausgeprägter auf dem Gebiete der Kohlenwirtschaft vorhanden ist, wo sie zu immer höheren Kohlenpreisen führt, da zu den steigenden Löhnen die zunehmende Tiefe der Flöze und ihr immer aufwendigerer Abbau tritt, muß getrachtet werden, nicht nur die Baustoffe zu verbessern, sondern auch die Bauwerke so sparsam und wirtschaftlich zu entwerfen wie nur möglich, zu diesem Zwecke immer bessere, arbeitsparende Baumethoden zu finden und schließlich für den Energie-Umwandlungsprozeß in den Kraftwerken Maschinen einzusetzen mit immer höheren Wirkungsgraden. Diese haben allerdings im Turbinen-, wie im Elektromaschinenbau eine solche Vollkommenheit erreicht, daß man nicht mehr sehr viel erwarten kann. Es ist heute selbstverständlich, daß eine Turbine bei der besten Beaufschlagung einen Wirkungsgrad von 92 % besitzt und daß die Stromerzeuger und Spannungswandler Wirkungsgrade von 96 % und darüber haben.

Auf dem Bausektor sind die Möglichkeiten, wirtschaftliche Erfolge zu erzielen, bedeutend größer. Man denke nur, was für Möglichkeiten in der Massenbetonerzeugung liegen, wenn der Betonbedarf für eine Talsperre an 1 Mio m^3 heranreicht, und welche Aufwandsspanne in der Problematik liegt, für einen endlich einmal geologisch, hydrologisch und raummäßig klargestellten Speicher und seine Sperrenstelle die richtige Sperrentype zu finden und dann noch im Hochgebirge — weit entfernt vom normalen Verkehr — die zweckmäßigen Transport- und Baueinrichtungen zu entwerfen. Nicht immer ist es so einfach wie beispielsweise bei der geplanten Sperre zum Talschluß der Dabaklamm in Osttirol, dem Kernstück der Planung im Isel-Gebiet, wo der V-förmige Talquerschnitt mit seiner Höhe und mit

Abb. 1. Sperrenstelle Dabaklamm (Osttirol). Projektierte Bogensperre und künftiger Stausee weiß eingezeichnet. Sperre 150 m hoch, 255 m Kronenlänge, 320 000 m^3 Beton. 100 hm^3 Nutzinhalt des Speichers

der Steilheit seiner tragfähigen Felsbegrenzung eindeutig den Gewölbetyp (Abb. 1) vorschreibt, wie etwa auch der ähnliche Abschluß des Limbergbodens der Hauptstufe in Kaprun[10], oder die

[10] Schüller, H.: Die Limbergsperre. Ascher, H.: Die geologischen Verhältnisse an der Limbergsperre. In Festschrift: Die Hauptstufe Glockner-Kaprun. 1951.

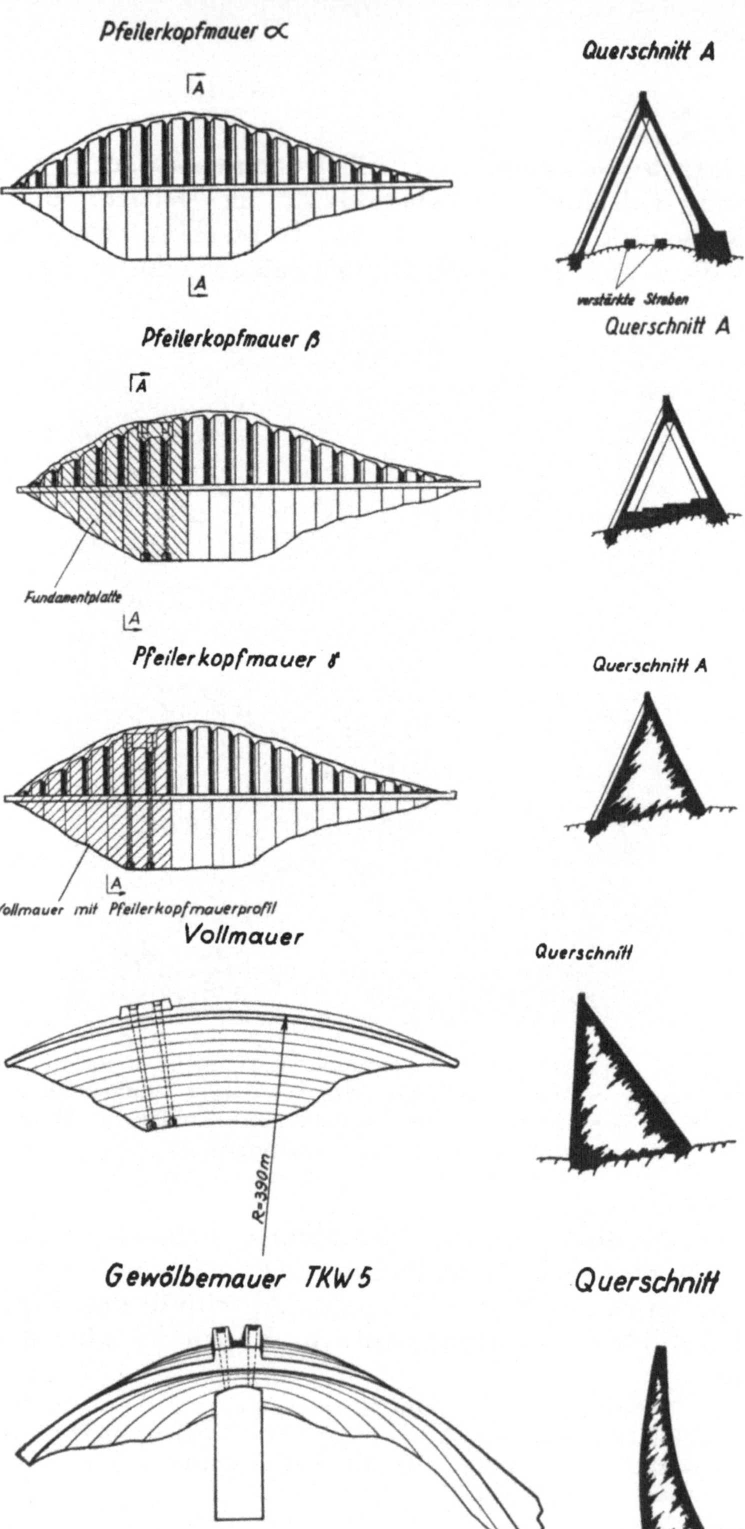

Abb. 2. Wahlvorschläge für die Bauform der Limbergsperre

Sperrenstelle im Val Gallina, wo die SADE eine 90 m hohe Kuppelmauer errichtete.

Besonders bemerkenswert ist die Bogensperre der SADE in Pieve di Cadore[11], deren Sperrenbogen Semenza auf einem Betonpfropfen aufsetzte, der den eigentlichen Flußschlauch abschließt; sie besitzt ein Höhen- — Sehnen-verhältnis von 1 : 5,5.

Kann wegen der Geometrie des Talabschlusses oder des Zustandes des Untergrundes und der

Abb. 3. Limbergsperre des Kraftwerkes Kaprun, Österreich. Fertiggestellt September 1951. Gewölbemauer 120 m hoch, 370 m Kronenlänge, 450 000 m³ Beton. Stausee Wasserfallboden mit 84 hm³ Nutzinhalt

seitlichen Talhänge eine Bogensperre oder eine Kuppelmauer nicht ausgeführt werden, so muß eine eingehende Diskussion mit technischen und wirtschaftlichen Argumenten hinsichtlich der Wahl des Sperrenkörpers durchgeführt werden,

[11] Semenza, C.: Die Staumauern der Società Adriatica di Elettricità in Venetien. Schweizerische Bauzeitung, Heft 2 bis 4, 1951.

für den heute eine ganze Reihe von Bauformen entwickelt worden sind.

Die Bauformen, die für den Abschluß des Limbergbodens diskutiert wurden, sind in Abb. 2 dargestellt[12]. Die Entscheidung ist zugunsten der in der untersten Reihe dargestellten Bogengewichtsmauer gefallen (Abb. 3). Wie gerechtfertigt diese Wahl war, beweist die rasche Fertigstellung der Sperre, die mit ihren 450 000 m³ Beton in weniger als drei Jahren vollendet werden konnte. Weder

Abb. 4. San Giacomo di Fraele (Adda). Pfeilerkopfmauer, Ansicht von der Luftseite

eine Schwergewichtsmauer, die ein Volumen von 750 000 m³ erfordert hätte noch eine aufgelöste Sperre mit rund 500 000 m³ hätte in dieser kurzen Bauzeit fertiggestellt werden können.

In Italien werden aufgelöste Sperren[13] (Pfeilerkopfmauern) mit Vorliebe verwendet (Abb. 4 und Abb. 5); hier hat Marcello (der Edison), zum Teil auf amerikanischen

---

[12] Böhmer, H.: Über den derzeitigen Stand der Bauarbeiten am Tauernkraftwerk Kaprun. Schriftenreihe des ÖWWV, Heft 14, 1948.

[13] Link, H.: Neuere Talsperrenbauten in Italien. Die Bautechnik. Heft 9, 11, 12, 1951.

Vorbildern aufbauend, eine Form entwickelt, die nicht aus einfachen, sondern aus hohlen (Doppel-)Pfeilerelementen besteht.

Eine einfache T-Form zeigt die Pfeilersperre des Loch Sloy-Kraftwerkes[14] des North of Scotland Hydro-Electric Board, der ersten Anlage, die nach Gründung des Board's (1943) in Schottland in Angriff genommen worden ist (Abb. 6).

Abb. 5. Bau Muggeris (Sardinien). Doppelpfeilerkopfmauer (Hohlpfeilermauer), Ansicht von der Luftseite

Über die wirtschaftlichen Vorteile der aufgelösten (Pfeilerkopf-)Mauern sind die Meinungen allerdings sehr geteilt. Bekannt sind die Auseinandersetzungen in der Schweiz wegen solcher Pfeilerkopfmauern, wie sie z. B. beim Kraftwerk Chandoline für den Dixence-Speicher[15] oder für das Kraftwerk Lucendro am Lago Lucendro ausgeführt worden sind. Aus Gründen der Sicherheit hat man bei der bereits in Angriff genommenen Pfeilerkopfmauer für den Speicher Cleuson die Ausfüllung der Hohlräume behördli-

[14] The Loch Sloy Scheme of the North of Scotland Hydro-Electric Board. Engineering, 7. Juli 1951 ff.

[15] Messungen, Beobachtungen und Versuche an schweiz. Talsperren. 1919 bis 1945. Bern 1946.

cherseits vorgeschrieben und durch einen eigens dazu beauftragten Sachverständigen überwachen lassen[16]

Eindrucksvoll ist, daß bei der Anlage Mullardoch-Fasnakyle-Affric in Schottland, die später als Loch-Sloy begonnen worden ist, Schwergewichtsmauern für ganz ähnliche breite Talabschlüsse gewählt worden sind[16a].

Abb. 6. Sperre Loch Sloy (Schottland). Ansicht von der Luftseite. Pfeilerkopfmauer 60 m hoch, 350 m Kronenlänge, 150 000 m³ Beton

In Schweden und Norwegen werden mit Rücksicht auf die Sicherheit gegen kriegerische Angriffe in neuerer Zeit für die Absperrung größerer Speicherräume Steindämme oder Erddämme mit besonderer Kerndichtung vorgezogen. So ist der 45 m hohe Damm des größten schwedischen Kraftwerkes Harsprånget[17], das vor

---

[16] Link, H.: Neuere Talsperrenbauten in der Schweiz. Bautechnik 1951, H. 1 f. Das Speicherwerk St. Barthélemy—Cleuson. Techn. Rundschau 1950, No. 31 ff.

[16a] The Fannich System, North of Scotland Hydro Electric Board. Engineering 4460, 4462, Bd. 172, 1951. The Glen-Affric Scheme. Water Power 1952, Maiheft f.

[17] Westerberg, G. u. Wittrock, P.: Der Kraftwerksbau Harsprånget. Teknisk Tidskrift, Heft 22, 1949.

kurzem in Betrieb gegangen ist, aus dem Ausbruchmaterial von Fallschächten, Krafthauskaverne und Unterwasserstollen geschüttet und gewalzt

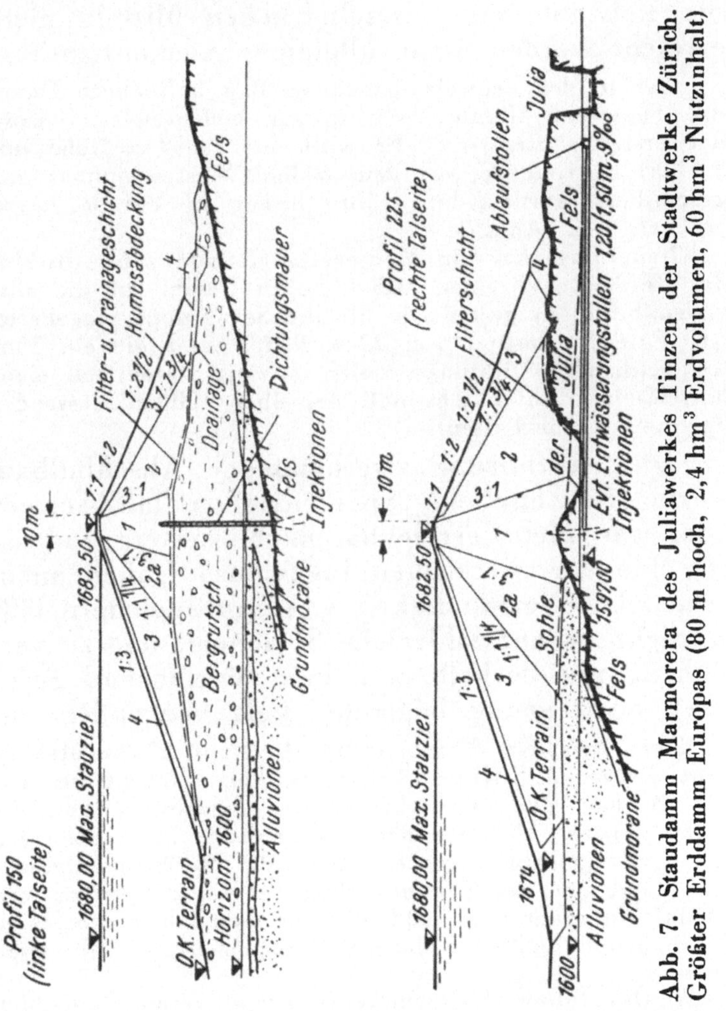

Abb. 7. Staudamm Marmorera des Juliawerkes Tinzen der Stadtwerke Zürich. Größter Erddamm Europas (80 m hoch, 2,4 hm³ Erdvolumen, 60 hm³ Nutzinhalt)

worden. Das Material ist auf schweren amerikanischen Euclids von der Stollenbrust direkt auf den Damm gefahren worden.

Solche Dämme — ob aus Stein, ob aus geeignetem Material — können auch dort, wo der Anschluß an den Fels gefunden werden kann, aus wirtschaftlichen Gründen mit Betonmauern oft erfolgreich in Wettbewerb treten; sie sind, wenn die Felssohle mit wirtschaftlichen Mitteln nicht erreicht werden kann, alleiniges Auskunftsmittel.

Der in der Schweiz derzeit in Bau befindliche Damm des Speichers Marmorera[18] ist ein bedeutendes Beispiel der ersterwähnten Art. Er wird mit ca. 80 m Höhe und 2,4 hm^3 Erdvolumen, vor dem 60 hm^3 Wasser nutzbar aufgespeichert werden, der größte bisher in Europa ausgeführte sein (Abb. 7).

Neuerdings hat die Montecatini-Mailand zum Abschluß des Reschensees[19] einen 31,5 m hohen Damm auf die alluvialen Schichten gestellt, in die die Seengruppe eingebettet ist. Eine Herdmauer von 22 m Tiefe, unter die ein 10 m tief reichender Dichtungsschleier injiziert wurde, soll einen hinreichend dichten Abschluß des über 100 hm^3 fassenden Speichers gewährleisten.

Die Ausführung zweckmäßiger Abschlußbauwerke für ähnliche Sperrenstellen mit schwer oder gar nicht erreichbarem Felsuntergrund ist als eine der wichtigsten Ingenieuraufgaben anzusehen. Die Notwendigkeit von Großspeichern läßt es nicht zu, auf zahlreiche Speicherräume zu verzichten, nur deshalb, weil kein hinreichend guter oder hoch genug liegender Fels vorhanden ist.

Zwei Beispiele dieser Art[19a]: Der auf 2233 m Meereshöhe gelegenen Rifflsee (Abb. 8) soll als Großspeicher für den Ausbau der Wasserkräfte des Ötzgebietes herangezogen werden. Den See dämmen mächtige Moränenmassen ab. Es ist geplant, durch einen auf die Moränen aufgesetzten Staudamm den See um 50 m zu einem Speicher von 30 hm^3 Nutzraum und 100 GWh Energieinhalt aufzustauen. Durch geophysikalische Mutungen und mehrere Bohrungen

---

[18] Das Juliawerk Marmorera-Tinzen. Techn. Rundschau, Heft 44, 1949.

[19] L'attività del Gruppo Edison nel campo delle costruzioni idroelettriche dal 1936 ad oggi. Energia Elettrica, Heft 2, 3/4, 6 und 11/12, 1949.

[19a] Die Wasserkräfte des Ötztales. Ausbauplan der Studiengesellschaft Westtirol. Denkschrift, Innsbruck 1950.

Abb. 8. Rifflsee. Projektiertes Abschlußbauwerk und künftige Uferlinie bei Vollstau weiß eingezeichnet

ist bisher festgestellt worden, daß sich eine Felsschwelle erst in rund 80 m Tiefe unter dem Seespiegel findet. Die Moränenablagerungen sind sehr dicht, durch Absitzversuche wurden Durchlässigkeitsziffern von der Größenordnung 10^{-5} cm/s festgestellt, die schon für den Dichtungskörper eines Erddammes ausreichen und es wahrscheinlich machen, daß man sich hier mit einer nur mäßig tief in die Moräne einbindenden Herdmauer begnügen kann.

Gleichfalls im Ötztal liegt der Speicher Huben. Dort bestehen recht verwickelte Untergrundverhältnisse an der Sperrenstelle, wo ein 30 m hoher Damm an der Wasserfassung der Ötz-Unterstufe einen Wochenspeicher mit 7 hm^3 Stauinhalt abschließen soll. Die Abschlußstelle liegt auf 1200 m Meereshöhe am oberen Ende des großen Längenfelder Beckens, das durch die Verlandung eines großen Bergsturzsees entstanden ist. Der Fels fand sich im Taltiefsten rund 110 m unter dem Achenspiegel. Die unteren 65 m bestehen aus verhältnismäßig dichten, feinsandigen Absätzen. Darüber folgen eine etwa 10 m mächtige, grobe und stark durchlässige Schicht, weiters feine und dichte Seeabsätze aus Schlick und Feinsand von 20 m Mächtigkeit und zuoberst in 12 bis 15 m Stärke gewöhnliche Kiese und Sande der Ötztaler Ache; an den Talflanken liegt Hang- und Murschutt.

IV. Natur- und Landschaftsschutz

Ein ganz bedeutendes Problem des Speicherbaues ist die Inanspruchnahme der zur Überstauung bestimmten Talböden. Werden sie, wenn auch nur zum Teil, landwirtschaftlich verwendet, oder müssen gar Siedlungen unter Wasser gesetzt werden, dann erfordert ihre Lösung größte Geduld und angestrengteste Arbeit. Die Umsiedlung der betroffenen Menschen und der Ersatz für die beanspruchten landwirtschaftlichen Grundstücke zwingt zu weitestgehender Rücksichtnahme auf die Siedlungs- und Wirtschaftsbedürfnisse, wird doch den Betroffenen durch die Überstauung oft die Grundlage ihrer Existenz entzogen. So weit als möglich soll hier Naturalersatz beschafft werden.

Die Schwierigkeit dieses Problems wird noch gesteigert, wenn der Natur- und Landschafts-

Abb. 9. Stausee Reschen mit Kirchturm Alt-Graun

schutz auf den Plan tritt, seine konservativsten Vertreter in schärfstem Widerspruch zu dem Bauvorhaben geraten und den Wasserkraftbau als unvereinbarlich mit der Schönheit und der Unberührtheit der Landschaft erklären, wie sie sie sehen.

So äußerte einmal ein sehr prominenter Vertreter dieser Sparte, daß er gegen eine geplante Speicheranlage nur dann keine Einwendungen erheben würde, wenn der Stauraum, der bestimmt war, den Sommerabfluß für den Winter zu speichern, bereits am 1. Mai gefüllt wäre. — Die Auseinandersetzungen um die Einbeziehung der Käferbäche in das Kraftwerk Kaprun sind recht bezeichnend. Die heute unbenützt über die Steilhänge des Fuschertalschlusses herabrieselnden Wasser ergeben in diesem Kraftwerk 60 GWh/Jahr,

Abb. 10. Ansicht von Neu-Graun

woraus eine Steinkohlenersparnis von rund 40 000 t und eine Devisenersparnis von rund 700 000 US-Dollar erzielt werden kann. Gewiß gewähren die Käferfälle ein anziehendes Bild an den wenigen Tagen, an denen sie von der Sonne beschienen werden. Tatsächlich liegen sie aber die größere Zeit im Schatten oder stecken im Nebel, so daß sie kaum wahrgenommen werden können.

Gewiß ist auch die von den Fluten des Stausees Reschen umspülte Kirchenruine (Abb. 9) des Dorfes Graun kein erhebender Anblick, aber das an den Ufern des Speichers errichtete neue Dorf Graun (Abb. 10) bietet den dort verbliebenen Bewohnern wesentlich bessere Lebensbedingungen als ihre alten Häuser.

Die Inanspruchnahme von Siedlungen kann eben, wo man an die Ausführung von Speichern

Abb. 11. Siedlung Aschau. Neubauten als Entschädigung für eingestaute Bauwerke im Rückstaubereich Großraming

schreiten muß, nicht immer vermieden werden. Zahlreiche Beispiele, ganz besonders in der Schweiz, wo für diese Art von Grundinanspruch-

Abb. 12. Abgelöste „Wohnstätten" im Rückstaubereich von Großraming

nahme kaum ein Zwang ausgeübt werden kann, beweisen, daß nach gütlicher Übereinkunft durchaus brauchbare Lösungen möglich sind.

Wo die betroffene Bevölkerung nach völliger Schadloshaltung nicht abwandert, werden Ersatzsiedlungen errichtet, wie das in Abb. 11 gezeigte neue Dorf Aschau im Rückstaubereich des Kraftwerkes Großraming a. d. Enns[20] sehr treffend beweist. Es kann wohl nicht behauptet werden, daß die Bewohner der in Abb. 12 dargestellten Keuschen durch ihre Umsiedlung in dieses Dorf geschädigt worden seien.

V. Fremdenverkehr

Ein weiteres Problem bilden die Auseinandersetzungen mit dem Fremdenverkehr. Seine Vertreter behaupten häufig, daß die Wasserkraftnutzung ihn schädige; die Praxis beweist jedoch das genaue Gegenteil. Die Wasserkraftanlage, die in engster Beziehung zu der Landschaft steht, sich nach besten Kräften und Wissen ihrer Erbauer in sie einfügt, hat sich — wie jedes große technische Werk — überall, in Amerika wie in Europa, als kräftig wirkender Anziehungspunkt auf das Reisepublikum erwiesen. Einen eindeutigen Beweis hiefür bringen neben den Tatsachen die Reisehandbücher, die unter den mit einem oder mit mehreren Sternen bezeichneten Sehenswürdigkeiten immer auch große Wasserkraftanlagen anführen. Es ist eine bekannte Klage aller Großwasserkraftbaustellen, daß sie sich der Besucher nicht erwehren können, die selbst von weither kommen, um die Anlage zu besichtigen. Heute werden an den meisten Baustellen, wie auch bei den fertigen Anlagen Einrichtungen getroffen, um die Besichtigung Werksfremden zu ermöglichen, ohne den Bau oder den Betrieb zu beeinträchtigen und ohne daß die Besucher in die mit dem Besuch solcher Baustellen und Betriebsstätten immerhin verbundenen Gefahren geraten.

---

[20] Ennskraftwerk Großraming. Denkschrift zur Betriebseröffnung 1950.

Selbst scharfe Kritiker, wie Alwin Seifert, geben zu, daß die Wasserkrafttechniker heute bestrebt sind, ihre Eingriffe in die Natur so zu regeln, daß nachteilige Folgen für die Landschaft weitgehend vermieden werden, und insbesondere die Bauteile der Wasserkraftwerke so auszugestalten, daß sie sich harmonisch in das Landschaftsbild einfügen. Seifert schreibt wörtlich[21]: „Ich glaube, mit Wort und Bild bewiesen zu haben, daß der nun beschleunigt fortgehende Ausbau der deutschen Wasserkräfte nicht notwendig die ausreichend lange Kette belangloser und vollendet häßlicher Kraftwerksbauten noch um erkleckliche Glieder verlängern muß. Der Weg, dies zu verhüten, ist hier aufgezeigt; ihn einzuschlagen, bedarf es nicht großer Mittel, sondern nur eines guten Willens."

Und wir, die Wasserkraftbaumeister von heute, haben diesen guten Willen, von dem Kant sagt: „Es ist überall nichts in der Welt, ja überhaupt auch außerhalb derselben zu denken möglich, was ohne Einschränkung für gut könnte gehalten werden, als allein ein guter Wille."

Welch ein Fortschritt in der Form allein besteht zwischen den Staukraftwerken, die zwanzig und mehr Jahre alt sind, wie etwa dem Kraftwerk Faal an der Drau[22] mit seinen hohen Aufbauten und der Wehrbrücke, die galgenähnlich auf die Wehrpfeiler aufgesetzt ist, oder dem Kachletkraftwerk[23] an der Donau bei Passau, dessen rote Ziegelarchitektur wie ein greller Farbklecks in der sanften grünen Landschaft vor dem auslaufenden herzynischen Massiv wirkt, und den Staukraftwerken von heute, die sich erst

---

[21] Seifert, A.: Kraftwerksbauten. Baumeister, Heft 12, 1949.

[22] Droschl: Das Elektrizitätswerk Faal a. d. Drau. Wasserwirtschaft, Heft 18, 1926.

Vas, O.: Grundlagen und Entwicklung der Energiewirtschaft Österreichs. S. 95. Wien: Verlag J. Springer, 1930.

[23] Die Wasserkraftwirtschaft Deutschlands. Festschrift zur Tagung der II. Weltkraftkonferenz, Berlin 1930.

Abb. 13. Kraftwerk Neuötting (Inn). Fertiggestellt 1951. Freiluftbauweise

abzeichnen, bis man ihnen ganz nahe gekommen ist. Die zwischen 1936 und 1938 gebauten drei Innkraftwerke zwi-

Abb. 14. Kraftwerk Kettwig (Ruhr). Vollendet 1951.

schen Wasserburg und Töging zeigen die Richtung an, die eingeschlagen wurde und die in den heutigen Innkraftwerken, z. B. in Neuötting (Abb. 13) ihr Ziel nahezu voll

Abb. 15. **Kraftwerk Ternberg (Enns). Fertiggestellt 1950. Traditionelle Bauweise**

erreicht hat[24]. Einzig und allein der klobige Wehrkran fällt gelegentlich noch störend in der Landschaft auf. Aber auch Kraftwerke mit Maschinenhallen werden architektonisch so ausgestaltet, daß sie ein schönes, dem Auge wohlgefälliges Bild abgeben. Besonders gelungene Lösungen zeigen die Anlagen von Kettwig/Ruhr (Abb. 14) mit einem Sektorwehr unter der Straßenbrücke, die die an beiden Ufern der Ruhr liegenden Teile dieser Stadt verbindet, die Anlagen von Ternberg (Abb. 15), fertiggestellt 1949, und Großraming a. d. Enns (Abb. 16). die im Juli 1951 mit ihrer zweiten Maschine in Betrieb gegangen ist[20]. Die Teilung dieses Kraftwerkes in zwei Maschinenhallen an beiden Ufern — in jeder arbeitet ein Maschinensatz mit 27 MW Leistung, selber bereits ein vollwertiges Kraftwerk — hat auch hinsichtlich der Baudurchführung große Vorteile geboten.

Seifert schreibt am angeführten Ort[21] über Großraming: „Dem blaßen Neid, den dieser

Abb. 16. Kraftwerk Großraming (Enns). Fertiggestellt 1951. Geteiltes Krafthaus in Hallenbauweise

schöne Entwurf im übrigen Österreich erweckte, ist es zu verdanken, daß er erfreulich Schule machte."

---

[24] Innwerk A.G., München. Denkschrift zum 33-jährigen Bestand. 1950.

VI. Rahmenplanung

Die Erkenntnis von den Zusammenhängen in der Wasserwirtschaft und der eindeutige Wille, dieser Erkenntnis entsprechend zu handeln, führt dazu, daß die Planung sich nicht auf den Einzelfall beschränkt, sondern daß getrachtet wird, in einer umfassenden Planung — wir sagen heute Rahmenplanung — die wasserwirtschaftlichen Verhältnisse eines geschlossenen Einzugsgebietes, oder, soweit es sich um größere Flußläufe handelt, auf längere Strecken dieser Gewässer klarzustellen. Dadurch sollen einerseits die Wasserkräfte dieses Einzugsgebietes oder der Flußstrecke systematisch erfaßt und anderseits alle Aufgaben berücksichtigt werden, die auf anderen wasserwirtschaftlichen Sparten infolge der Wasserkraftnutzung entstehen oder aber, so sie aus anderen Gründen vorliegen, nun gleichzeitig mit der Wasserkraftnutzung gelöst werden können.

Gelegentlich einer vor zwanzig Jahren angestellten Untersuchung[25] über die Zusammenarbeit in der Wasserwirtschaft habe ich die Aufgaben der ersten Art, also jene, die aus Rücksicht auf das allgemeine Wohl, auf berührte Rechte u. dgl. mehr entstehen, unter dem Begriff „negative Wechselwirkungen", die der zweiten Art unter dem Begriff „positive Wechselwirkungen" zusammengefaßt; die letzteren führen zu der „Mehrzweckanlage", um den in Amerika entstandenen Ausdruck „multiple purpose plant" zu gebrauchen, worauf später noch zurückgekommen wird.

Wenn auch von solchen Rahmenplanungen — früher sagte man vielfach „Generalplanung" — schon seit Jahrzehnten die Rede ist, so hat sich

---

[25] Vas, O.: Aufgaben der Wasserwirtschaft. Der österreichische Volkswirt vom 3. Oktober 1936.

eine klare Vorstellung vom Umfang und der Durchführung solcher Planungen noch nicht herausgebildet. Was bisher einwandfrei erreicht wurde, sind Wasserkraft-Rahmenpläne für die Ausnutzung längerer Flußstrecken (Treppenplanung); dies ist wohl die einfachere Art solcher Planungen. Auch für die zweite Art, die Rahmenplanung für die Ausnutzung von Einzugsgebieten, insbesondere in den höheren Gebirgslagen, gibt es zahlreiche gute Beispiele; ihre ungeheure Problematik liegt jedoch darin, daß die Begrenzung des Gebietes, das man der Planung unterzieht, von den verschiedensten Gesichtspunkten aus gewählt werden kann. Es ist hier nun so, daß man nur durch viele vergleichende Untersuchungen die beste Ausnutzung der Wasserkräfte zu erreichen vermag.

VII. Treppenplanung

Das schönste moderne Beispiel für eine nach einem einheitlichen Gedankengang entwickelte Treppenplanung bietet wohl der Ausbau des Inns von Kufstein bis Passau; sie wurde durch die im Jahre 1917 gegründete Innwerk-A.G. durchgeführt. Das erste, 1919 bis 1924 von dieser Gesellschaft errichtete Kraftwerk ist das bekannte Kraftwerk Töging[24], das einzige Ausleitungskraftwerk in dieser Reihe mit einer Kanalführung von 23 km. Alle anderen Stufen sind Staukraftwerke[26].

[26] Das seit 1951 in Bau befindliche Kraftwerk Braunau-Simbach wird von der auf Grund eines Regierungsabkommens zwischen Bayern und Österreich gegründeten Österreichisch-Bayerischen Kraftwerke A.G. ausgeführt, während die bestehenden sieben Innstufen durch die Innwerk A.G. errichtet worden sind, von der auch die Bauentwürfe stammen. Die neueste dieser Stufen ist das Kraftwerk Neuötting (Abb. 13). Der Entwurf von Braunau-Simbach ist in Gemeinschaftsarbeit der Innwerke-A.G. und der Österreichischen Elektrizitätswirtschafts-A. G. entstanden.

Eindrucksvoll sind die Planungen in Schweden, wo die staatliche Kraftwerks-(Wasserfall-)verwaltung (Statens Vattenfallswerk) systematisch den Ausbau großer Flüsse betreibt. Sie beliefert die nördliche Hälfte dieses Staates ungefähr bis zum Indalsälv mit Strom. Aber, dies verdient vermerkt zu werden, es besteht keinesfalls ein Ausschließlichkeitsrecht für die staatliche Wasserkraftverwaltung zum Ausbau der Wasserkraftanlagen. nicht einmal in einem und demselben Fluß, denn ähnlich wie am Hochrhein an der deutsch-schweizerischen Grenze sind in manchen schwedischen Flüssen hintereinander oft ganz verschiedene Unternehmungen durch Kraftwerksbauten vertreten: die staatliche Verwaltung, Städte und die Industrie.

Das Stichwort „Hochrhein" gibt Veranlassung, auf den Wettbewerb hinzuweisen, der gemeinsam von Baden und von der Schweiz als den beiden Anrainerstaaten zur Erlangung von Unterlagen für dessen Schiffbarmachung von Basel bis zum Bodensee vor dem ersten Weltkrieg ausgeschrieben und dann nach dem ersten Weltkrieg durchgeführt wurde[27]. Bei diesem Wettbewerb war zum ersten Male nicht nur die Herstellung einer Schiffahrtsstraße in einem nicht schiffbaren Gewässer, sondern auch die Rücksichtnahme auf die vollständige Ausnutzung der verfügbaren Wasserkräfte vorgeschrieben, also regelrecht ein Rahmenplan verlangt worden; dieser Wettbewerb hat daher zum ersten Male in der Geschichte der Wasserkraftnutzung zur lückenlosen Planung eines Staffelflußausbaues zwischen zwei durch die geographische Lage gegebenen Festpunkten geführt; er ist in seiner Grundidee auch der Ausführung zugrunde gelegt worden. Leider ist das durchaus richtige Konzept, das schon durch das Bestehen mehrerer Rheinstufen beeinträchtigt war, auf deren Bestand Rücksicht genommen werden mußte (die bekannten Rhein-Kraftwerke Augst-Wyhlen

[27] Entwurf für den Ausbau der Rheinschiffahrtsstraße Basel — Bodensee. Mitteilungen des Amtes für Wasserwirtschaft Nr. 35, Bern, 1942.

und Laufenburg) durch individuelle, wirtschaftliche Überlegungen empfindlich gestört worden. So z. B. durch das Kraftwerk Ryburg-Schwörstadt, dessen Stau wegen des Ortes Wallbach am linken Ufer so niedrig festgelegt wurde, daß die nächste Staustufe nicht oberhalb, sondern unterhalb der Stadt Säckingen liegen wird und das ganze Gebiet der Stadt knapp oberhalb des Wehres in dessen Rückstau gerät; oder durch die Staustufe Albbruck-Dogern, die als Kanal-Kraftwerk mit verhältnismäßig niedriger Stauhöhe errichtet wurde, was schon an und für sich für die Lösung der Schiffahrtsfrage ein schwieriges Problem bildet und weiter verursacht, daß bei der Situierung der Stufe Waldshut-Koblenz oberhalb der Aaremündung beträchtliche Schwierigkeiten entstehen.

Das unterste Kraftwerk dieser Kette, die Anlage Birsfelden[28] bei Basel, ist vor kurzem in Angriff genommen worden, und eine weitere Stufe, das Kraftwerk Rheinau, steht nun als nächste auf dem Ausbauprogramm für den Hochrhein.

VIII. Kraftwerk Rheinau

Hier muß nochmals auf die Beziehungen zwischen Wasserkraftnutzung und Naturschutz zurückgekommen werden. Als in der Schweiz im Laufe des Jahres 1951 öffentlich bekannt wurde, daß der Bau des Kraftwerkes Rheinau, für das die erforderlichen Wasserbenutzungsrechte von den zuständigen Behörden der beiden Anrainerstaaten rechtskräftig einem schweizerisch-deutschen Konsortium verliehen worden sind, in kurzer Frist begonnen werden sollte, haben die Kreise des Naturschutzes einen förmlichen Kreuzzug gegen die Durchführung dieses Projektes in Szene gesetzt,

[28] Das Laufwerk Birsfelden. Techn. Rundschau Nr. 15 und 16, 1950.

das, wie fast alle Kraftwerksprojekte am Rhein, zum ersten Male schon im vorigen Jahrhundert zur Diskussion gestellt worden ist, und die Zurückziehung der Konzession verlangt[29].

Die Konzessionsurkunde für dieses Kraftwerk enthält selbstverständlich eingehende Bau- und Betriebsvorschriften, im Hinblick auf den besonderen Fall weitreichende Bestimmungen zugunsten des Heimatschutzes, des Verkehrs- und Landschaftsschutzes und der Fischerei; sie regelt ferner die Schiffahrt, so weit sie schon besteht, und stellt schließlich Grundsätze für die später zu schaffenden Anlagen für die Großschiffahrt auf, die bis zum Bodensee reichen soll.

Es verdient festgehalten zu werden, daß die Aufwendungen für Heimat- und Landschaftsschutz 10 Mio sfrs. betragen, mit denen auch zwei Hilfswehre finanziert werden, deren alleiniger Zweck es ist, den Wasserspiegel in der durch den Wasserentzug beeinträchtigten Entnahmestrecke zu fixieren. (Es handelt sich hier um ein Ausleitungskraftwerk mit einem verhältnismäßig niedrigen, nur 6 m hohen Stauwehr und einem 300 m langen Unterwasserstollen; auch das Maschinenhaus ist unterirdisch vorgesehen.)

Die gesamten Baukosten betragen rund 67 Mio sfrs., die Leistung des Werkes wurde mit 32 MW vorgeschlagen, womit ein Regelarbeitsvermögen von 207 GWh erzielt wird.

Von den Gegnern dieser Anlage wurden die eigenartigsten Behauptungen aufgestellt, z. B. es sei nicht mehr notwendig, in der Schweiz neue Kraftwerke zu errichten und, wenn schon gebaut werden müsse, solle man andere Flüsse dazu heranziehen; die unvergleichliche Schönheit des Landschaftsbildes, das durch den ehrwürdigen Bau des Klosters Rheinau auf einer Insel im Rhein gekrönt wird, werde geschädigt; der Rheinfall, bis zu dessen Fuß der Rückstau des Stauwehres reichen wird (wo er im Winter etwa 1,5 m, im

---

29 Das Kraftwerk Rheinau. Schweizerische Bauzeitung, Heft 52, 1951.

Sommer aber 30 cm und weniger beträgt), werde verschandelt; weiters werde das Grundwasser durch den Stau verschmutzt; am Fuße des Rheinfalles werde ein stinkender See geschaffen; ja sogar die im Kloster Rheinau Erholung suchenden seelisch Kranken, die der Ansicht des lebenden Stromes, der ein totes Gewässer werden würde, beraubt würden, wurden ins Treffen geführt. Dabei muß man sich vor Augen halten, daß es sich primär gar nicht um die Kraftnutzung, sondern um die auf Grund eines Staatsvertrages zwischen Baden und der Schweiz grundsätzlich geschlossene Schiffbarmachung des Hochrheins handelt, die ohne Staustufen überhaupt nicht möglich ist[29a].

IX. Flußbau

Beim Staffelflußausbau entstehen oft Gegensätze mit der staatlichen Flußbauverwaltung, die das Bestreben zeigt, die Kosten für die gesamte Flußerhaltung auf die Wasserkraftpartner zu überwälzen. In Schweden ist aus diesem häufigen Widerspruch die vielleicht zweckmäßigste Konsequenz gezogen worden: der staatlichen Wasserfalldirektion wurde die Erhaltung der Flüsse und insbesondere auch die Seenregelung überantwortet. Der umgekehrte Weg ist in Deutschland an den Wasserstraßen eingeschlagen worden; dort baut die Wasserstraßenverwaltung die Kraftwerke unter finanzieller Beteiligung der Elektrizitätswirtschaft.

Wichtig ist die Erkenntnis, daß nicht die Kraftnutzung althergebrachte Maximen der Flußbautechnik befolgen könne; es müssen vielmehr die Methoden des Flußbaues der Tatsache angepaßt werden, daß die Wasserkraft einen beträchtlichen,

---

29a Oesterhaus, M.: Der Hochrhein als Schiffahrtsstraße. Österr. Wasserwirtschaft, Heft 8/9, 1951.

vielleicht den größten Teil der bettbildenden und der bettzerstörenden Energie des Wasserkreislaufes bindet, da sie ihn für sich in Anspruch nimmt.

X. Stauziel

Ein wesentliches Problem bei den Staukraftwerken ist die Festsetzung der Stauhöhe (des „Stauzieles") zusammen mit dem zulässigen Anstau des Höchstwassers. Es führt in der Regel zu bedeutenden Auseinandersetzungen mit den Vertretern der Siedlungs- und Landwirtschaft, werden doch durch den Anstau im allgemeinen der Grundwasserspiegelverlauf stark beeinflußt und, wo nicht durch Dammbauten der Flußwasserspiegel seitlich begrenzt wird, landwirtschaftliche oder zu Siedlungen benutzte Grundstücke ihrer bisherigen Widmung entzogen. Hohe Dammbauten und etwa abgetrennte Augebiete führen weiter zu Einsprüchen des Landschafts- und Naturschutzes. Die Forderung schließlich, Dämme möglichst nahe dem eigentlichen Flußschlauch zu führen, verursacht Hebung der Spiegellage bei Hochwasser, daher Erhöhung der erforderlichen Dammbauten und ihrer Baukosten. Alle diese Gegensätzlichkeiten führen zu Ermäßigungen des Stauzieles, also zur Verringerung der Nutzfallhöhe und damit zu steigenden spezifischen Ausbaukosten. Im Ausgleich dieser Widersprüche ergibt sich erst der zweckmäßigste Ausbau, einer der wichtigsten Grundwerte für das Projekt jedes Staukraftwerkes.

XI. Fischerei

Ein Problem soll hier noch erwähnt werden, das immer wieder Schwierigkeiten macht: es betrifft die Auseinandersetzung mit der Fischerei, über deren wirkliche Erfordernisse selbst die

Meinungen der Fachleute noch beträchtlich auseinandergehen, ist doch die Anordnung von Fischtreppen in vielen Fällen sehr problematisch. Sie können sicherlich dort nicht entbehrt werden, wo der Fischzug in die Quellgebiete eines Flußlaufes in den biologischen Gegebenheiten der Fischwelt begründet ist, wie z. B. der Lachszug etwa in den schottischen Gewässern oder im Weichselgebiet, wo selbst Talsperren von 40 oder 50 m Höhe von den aufziehenden Lachsen über die dort errichteten Fischtreppen überwunden werden. In allen anderen Fällen scheint es durchaus erwägenswert, in den Stauhaltungen der Flüsse neue, den geänderten äußeren Umständen entsprechende fischereiwirtschaftliche Methoden zur besten Ausnützung der Stauräume einzuführen.

XII. Neue Kraftwerkstypen

Es verdient festgehalten zu werden, daß schon viele während des letzten Krieges in Österreich in Angriff genommene Wasserkraftanlagen auf Grund von Treppenplanungen festgelegt worden sind, z. B. die Kraftanlagen an der Drau und an der Enns. An der Drau (Abb. 17) ist erstmalig ein neuer Werkstyp[30], das Pfeilerkraftwerk, von Grengg-Lauffer entwickelt worden, in dem Bestreben, die Ausbaukosten so weit es geht zu verringern und die Inbetriebsetzung der Anlage wenigstens mit einem Maschinensatz zu ermöglichen, bevor das ganze Bauwerk fertiggestellt ist. Es gibt bisher nur drei solcher Kraftanlagen, und zwar die Anlagen Lavamünd, Unterdrauburg und Mar-

---

[30] Grengg, H.: Der Ausbau der Drauwasserkraft und das Pfeilerkraftwerk. Zeitschrift d. Ö. J u. A. V. Heft 23/24, 1947.

Grengg, H. u. Lauffer, H.: Das Kraftwerk im Strom (Pfeilerkraftwerk). Österr. Wasserwirtschaft, Heft 9/10, 1949.

burg; die ersteren sind ganz gleich ausgeführt worden. Die anfänglich von elektrischer Seite befürchteten Schwierigkeiten im Betrieb, der sich nicht in einer Maschinenhalle, sondern in drei Wehrpfeilern abspielt, haben sich nicht ergeben, die Betriebsführung des Werkes geht reibungslos

Abb. 17. Pfeilerkraftwerk Lavamünd (Drau). Fertiggestellt 1944. Die drei Maschinensätze sind in den verbreiterten Wehrpfeilern untergebracht.

vor sich. Es läßt sich theoretisch nachweisen, daß keine der bisher für ein Flußkraftwerk entwickelten Typen bei sonst gleichen Anlageverhältnissen eine geringere Gesamtbreite erfordert als das Pfeilerkraftwerk.

In Jugoslawien ist bei Saldenhofen ein Kraftwerk nach dem Muster von Marburg in Bau.

An der Enns fällt auf, daß der Stau des seit dem Jahre 1946 in Betrieb stehenden Kraftwerkes Staning unterhalb der Stadt Steyr endet; da die nächste Stufe erst einige Kilometer ober

Abb. 18. Unterwasserkraftwerk nach Arno Fischer (Lechstufe 13) in überströmtem Zustand bei Überwasser. Ansicht vom Lechblick.

Abb. 19. Unterwasserkraftwerk Steinbach (Iller). Ansicht von der Unterwasserseite.

Steyr liegen wird, geht eine freie Fließstrecke verloren. Wäre das Kraftwerk Staning einige Kilometer flußaufwärts gerückt und sein Stau höher festgelegt worden, so hätte die unterhalb Staning liegende Stufe Mühlrading an Fallhöhe und daher an Wirtschaftlichkeit gewonnen. Neben einer lückenlosen Ausnützung der Enns wäre infolge des Einstaus der Flußstrecke in der Stadt Steyr auch eine vom Standpunkt des Natur- und Landschaftsschutzes recht vorteilhafte Verschönerung des Stadtbildes erreicht worden, da der gehobene Wasserspiegel die unschönen Fun-

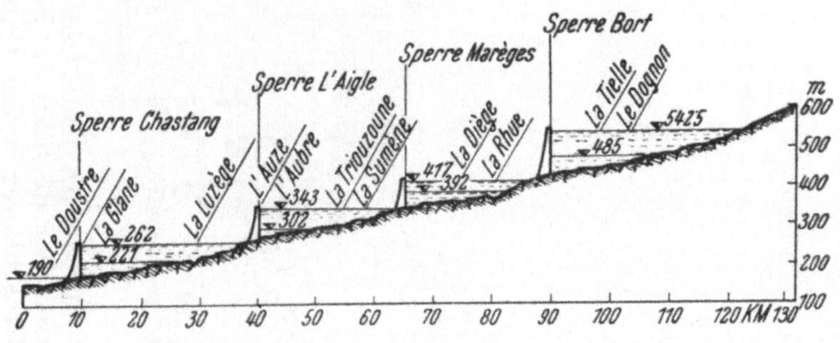

Abb. 20. Längenprofil der Dordogne.

damente der Ufermauern und die Sandbänke im Stadtbereich, die zur Zeit der niedrigen Wasserführung nicht sehr anziehend wirken, überstaut hätte.

Mißverständliche Auffassungen können bei solchen Planungen viel Übles anrichten, insbesondere solche, die — der Wasserwirtschaft an sich fremd — den Planenden aufgezwungen werden. Ein Beispiel hiefür ist der Lechausbau, der während des Krieges im Jahre 1941 auf der Strecke zwischen Landsberg und Schongau in Angriff genommen und erst im vergangenen Jahre beendigt werden konnte. Diese Flußstrecke wurde maschinisiert; damit soll die Ausführung der neun gleichen Staustufen gekennzeichnet werden, die ohne Rücksichtnahme auf Gelände, Flußbett, Wasserspiegellage, Untergrundverhältnisse usw. mechanisch in das Längenprofil eingefügt wurden, um den einheitlichen Werkstyp des überstauten Flußkraftwerkes zu ermöglichen[31]. Das Ergebnis war

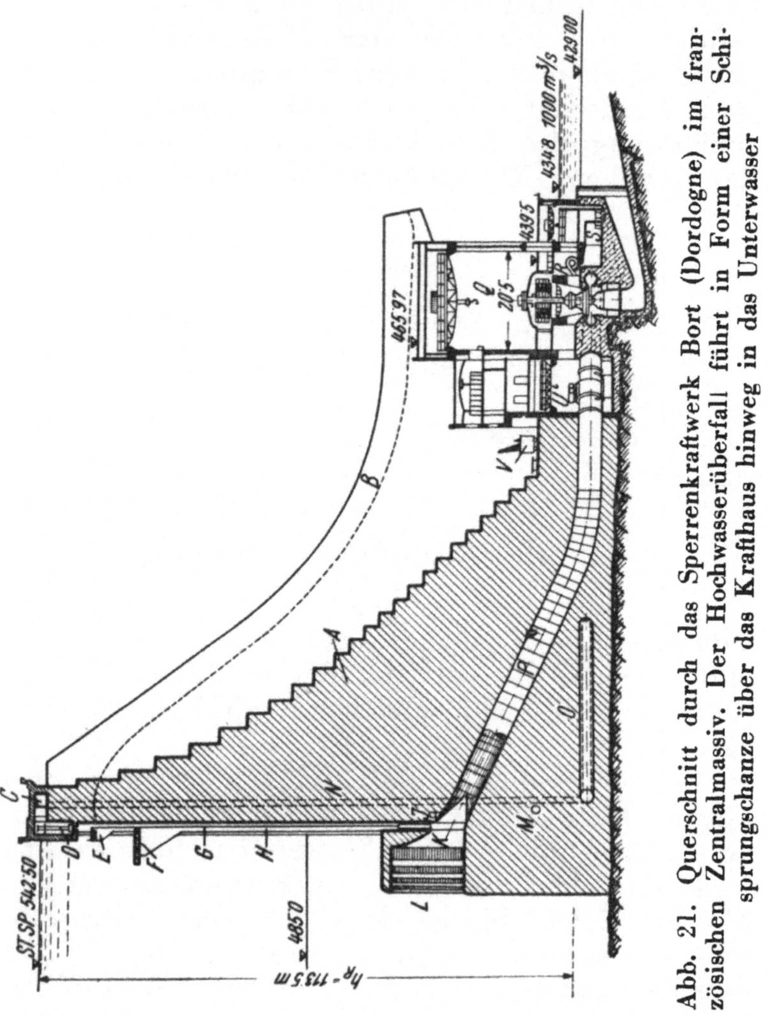

Abb. 21. Querschnitt durch das Sperrenkraftwerk Bort (Dordogne) im französischen Zentralmassiv. Der Hochwasserüberfall führt in Form einer Schisprungschanze über das Krafthaus hinweg in das Unterwasser

ein höchst unwirtschaftlicher Ausbau; die Ausbaukosten sind mehr als doppelt so hoch, als sie

[31] Vas, O.: Über das Unterwasserkraftwerk. Schriftenreihe des ÖWWV, Heft 8, 1947.

hätten sein müssen. Abb. 18 zeigt die Staustufe 13, aufgenommen vom Lechblick im Zustande der Überströmung, und weist die harmonische Einfügung des Bauwerkes in die Landschaft nach. Allerdings ist dieser günstige Anblick nur an etwa 60 Tagen des Jahres vorhanden. In der

Abb. 22. Sperrenkraftwerk l'Aigle mit Hochwasserüberfall in Form einer Schisprungschanze.

übrigen Zeit des Jahres, wenn er nicht überstaut ist, ist der Baukörper ebenso sichtbar wie bei einer Anlage nach der klassischen Bauweise, wie Abb. 19 zeigt.

Interessante Beispiele neuerer Treppenpläne bieten der Ausbau der Maronne und der Dordogne[32] (Abb. 20), Ab-

[32] L'Equipement Electrique de la France, Travaux, Jänner 1951.

flüsse des Massif Central in Frankreich. Beide Flüsse werden nicht durch Kraftwerke mit Wehren, sondern in dafür geeigneten Schluchtenstrecken durch eine Kette von Talsperren ausgenützt, die eine charakteristische Sonderheit des französischen Talsperrenbaues, nämlich Gewölbemauern nach dem Entwurf von Coyne mit Krafthäusern unmittelbar am Fuß der Sperre und Hochwasserüberfällen in Form einer Schisprungschanze, aufweisen (Abb. 21 u. 22.)

XIII. Beileitung und Pumpspeicherung

Bei der kombinierten Treppen- und Gebietsplanung für den Ausbau der Ill in Vorarlberg in sechzehn Kraftwerken mit 660 MW Leistung und 2000 GWh Regelarbeitsvermögen tritt eindringlich ein sehr wesentlicher Gedanke der modernen Wasserkraftplanung auf, nämlich die Beileitung von Abflüssen aus fremden Einzugsgebieten, und zwar von Abflüssen aus dem östlich benachbarten Trisanna-Gebiet, das nicht mehr zum Rhein, sondern bereits zur Donau gehört (Abb. 23). Dieser Gedanke, der hier in voller Reinheit und auch gleich in seinem vollen Extrem, da die Abflüsse zu zwei Weltmeeren berührt werden, auftritt, ist durch die eindeutige Überlegung begründet, daß die wirtschafliche Ausnutzung von vorhandenen Triebwasserwegen und Kraftmaschinen durch Vermehrung der Triebwasserfließe erheblich verbessert werden kann, sofern die Zuleitungskosten in einem vernünftigen Verhältnis zur ausgenützten Fallhöhe stehen. Die Verwirklichung dieses Gedankens hat sich in den letzten Jahren mit einer geradezu überraschenden Schnelligkeit verbreitet; insbesondere sind es gute Speicherräume ohne ausreichendes eigenes Nährgebiet einerseits und anderseits Kraftstufen in steilen Tälern, also verhältnismäßig kurze Triebwasserführungen, die zu solchen künstlichen Beileitungen anregen.

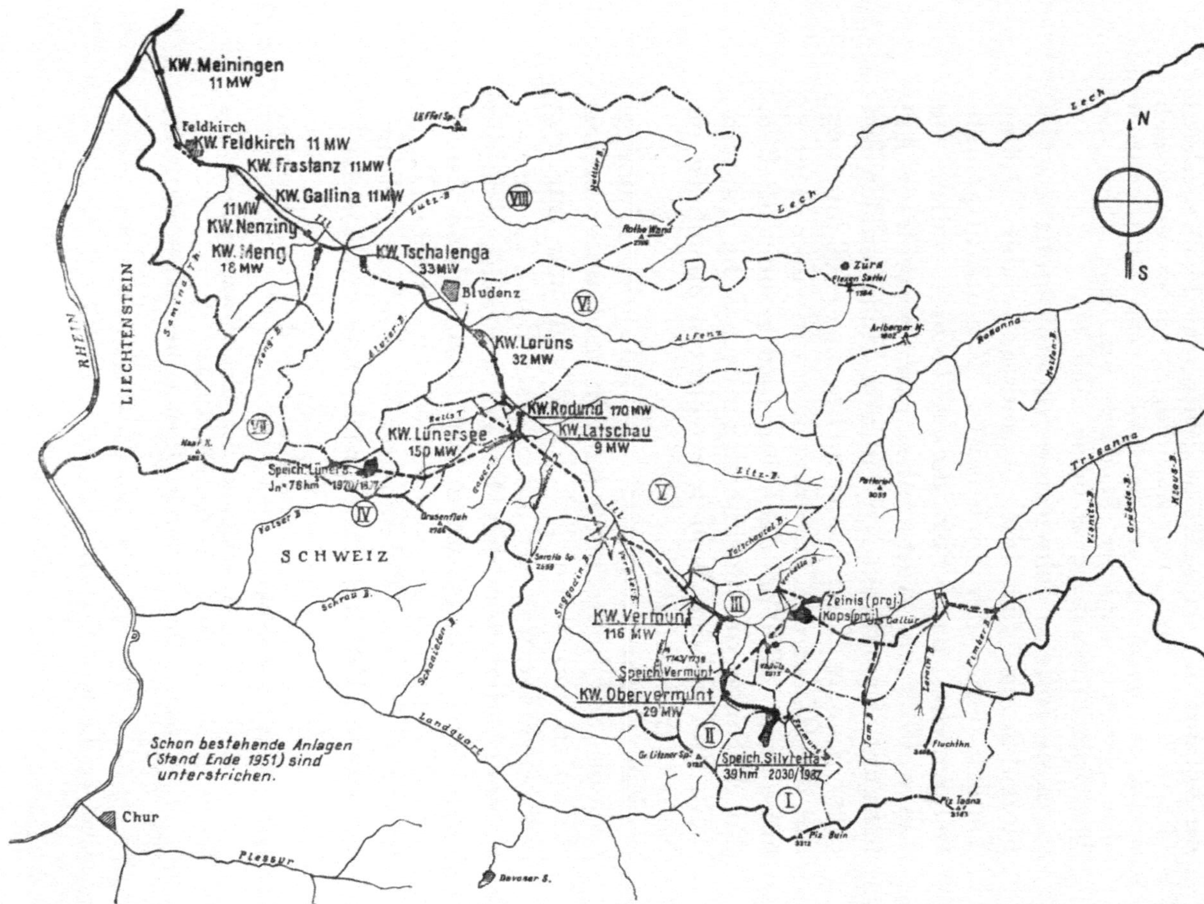

Abb. 23. Kraftwerksgruppe der Vorarlberger Illwerke A. G. Lageplan. Maßstab etwa 1 : 600 000

Ein bemerkenswertes Beispiel dieser Art stellt die schon erwähnte Anlage am Loch Sloy[14] in Westschottland nördlich von Glasgow dar, der in einer Entfernung von kaum 2 km Luftlinie 278 m hoch über dem Loch Lommond (seinem Unterwasser) liegt. Das natürliche Einzugsgebiet des Sees beträgt nur 16,8 km^2; es werden nun durch ein System von 19,3 km Stollen und 16,1 km offener Kanäle die Abflüsse aus einem Einzugsgebiet von 63 km^2 zugeleitet (d. i. 1,78 km^2 für 1 km Zuleitung), wodurch es möglich wurde, den durch die erwähnte 60 m hohe T-Pfeilermauer abgeschlossenen nutzbaren Stauraum von etwa 34 hm^3 bei 30 m Spiegelschwankung zu füllen (Abb. 24).

Eine äußerst schwierige Aufgabe stellt die Gebietsplanung für die Ausnützung der Hohen Tauern, eines der wichtigsten Wasserkraftgebiete Österreichs, dar. Für dieses Gebiet wurde im Jahre 1929 ein Ausbauplan ganz besonderer Art bekannt. Er sah ein System von Hangkanälen mit einer Gesamtlänge von mehr als 1200 km vor, das die Hänge des Tauerngebietes in einer Meereshöhe von 2000 m dachrinnenartig umschließen, die Abflüsse des darüberliegenden Gebirges sammeln und zu den beiden erwähnten Speichern im Kapruner Tal leiten sollte[33].

Ein Probe-Hangkanal oberhalb des Limbergbodens, der heute noch besteht und unter steten Kämpfen um seine Erhaltung von uns nur zur Wasserversorgung für die oberste Baustelle herangezogen wird, hat den Beweis erbracht, daß die projektierten Hangkanäle den gewünschten Zweck nie erfüllt hätten, wie von den österreichischen Fachleuten gleich nach Bekanntwerden der Idee behauptet wurde (Abb. 25). Aber nicht nur die Konstruk-

---

[33] Heller, E.: Technische Probleme des Tauernwerkes, Heft 13/14, WW 1931.

Vas, O.: Die Ausnützung der Tauernwasserkräfte als österr. Problem, Heft 13/14, WW 1931.

Thürnau: Das Tauernkraftwerk der AEG, Heft 11, WW 1931.

Münch, W.: Das Tauernwerk, Heft 1, DWW 1931, Heft 2. Wa u. WW 1931.

tionsidee der Hangkanäle, auch der Grundgedanke der Projektierung war falsch. Beileitungen zu

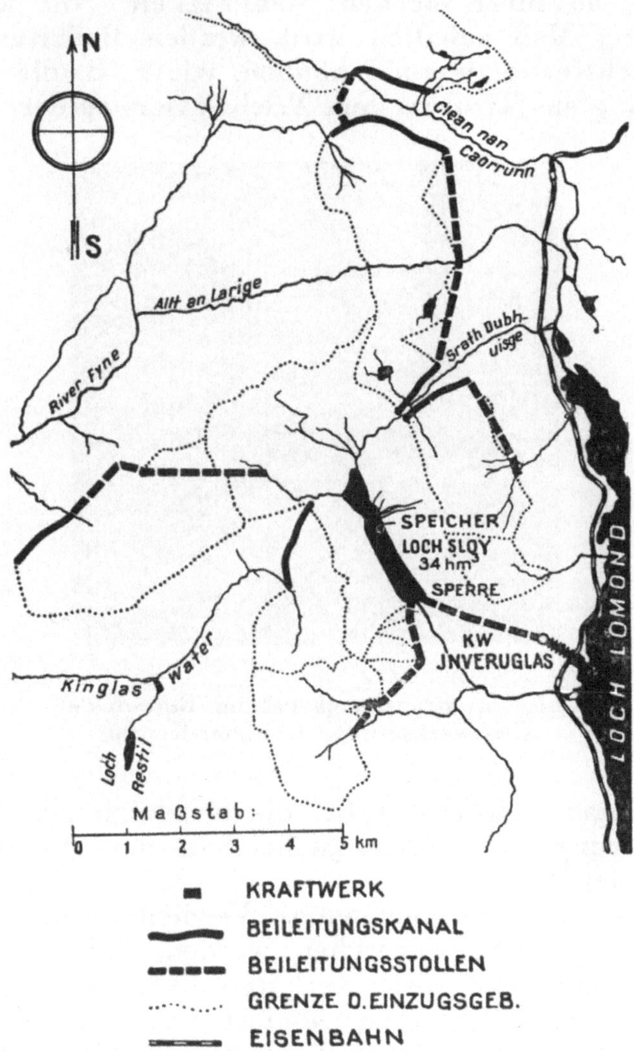

Abb. 24. Das Loch Sloy-Ausbausystem in Schottland. Lageplan

einem Triebwasserweg dürfen nur soweit angewendet werden, als sie einen überragenden wasserwirtschaftlichen Erfolg versprechen. Dies war bei der erwähnten Planung nicht der Fall und so scheiterte sie an der Überspitzung der Konzentration, an ihrer eigenen Maßlosigkeit. Nur wenn richtig Maß gehalten wird, werden Beileitungen gerechtfertigt werden können, wie z. B. die Beileitung aus Tirol zu dem Triebwasserweg der Vor-

Abb. 25. Probehangkanal im Bereich der Kraftwerksgruppe Glockner-Kaprun

arlberger Illwerke A. G., die erheblich zur Verbesserung der Wirtschaftlichkeit des Ausbaues beiträgt.

Es muß als bleibendes Verdienst von Hermann Grengg angesehen werden, daß er sich im Jahre 1938 nicht verleiten ließ, dieses oder ein ähnliches überdimensioniertes Projekt zu verwirklichen. Im Gegenteil, er hat die Ausnutzung des nordöstlichen Teiles der Hohen Tauern nach einem so gut durchdachten Rahmenplan im Tal der Kapruner Ache in die Wege geleitet, daß an dessen grundlegenden Anlageverhältnissen auch nach dem Jahre 1945 nichts Wesentliches zu ändern war, und bis dahin so weit gefördert, daß Ende 1944 die Hauptstufe von Kaprun mit einem Maschinensatz, zunächst als Laufwerk mit Kleinspeicher, in Betrieb gehen konnte[34]. Auf die zugehörigen Sperrenbauten wurde schon im Abschnitt III hingewiesen. Die in dem gleichen Abschnitt sowie im Abschnitt II erwähnten Planungen in Osttirol betreffen den südwestlichen Teil dieses Gebietes, dessen dezentralisierter Ausbau schon auf Planungen aus dem Jahre 1921 und 1930 zurückgeht.

Erwähnt sei schließlich noch der Gebietsrahmenplan für den Ausbau des Piave[35] der SADE, der 19 Kraftstufen mit einer Leistung von 550 MW und einem Regelarbeitsvermögen von 2050 GWh/Jahr umfaßt, wohl der erschöpfendste Ausnützungsplan für ein Gewässer von seinen Quellen bis knapp oberhalb seiner Mündung in das Meer. Es hat gewiß in den 30 Jahren, die seit der Inangriffnahme der Kraftwerksgruppe am Lago Santa Croce vergangen sind, in seinen Einzelheiten gewisse Änderungen erfahren. Seine als richtig erkannten Grundsätze blieben aber bis heute unverändert. Die in Abschnitt III erwähnten Sperren von Val Gallina und Pieve die Cadore gehören diesem Plan an.

Bei den Gebietsplanungen für das Schluchseewerk[36] handelt es sich um den Gesamtausbau eines Gebietes im südlichen Schwarzwald, wo zur Ausnutzung der natürlichen Abflüsse die Pumpspeicherung tritt, die hier über drei Kraftwerke hinweg die weitestgehende elektrizitätswirtschaftliche Nutzbarmachung des Speicherraumes Schluchsee über eine Fallhöhe von 620 m bis zum Rhein ermöglicht. Dieser See wurde durch eine 63 m hohe Schwergewichtsmauer angestaut, so daß sein Nutzraum nunmehr 108 hm³ Wasser faßt. Die in jeder der drei Stufen eingebauten Pumpen ermöglichen Wasser aus dem Rhein bis in den Schluchsee zu pumpen und dann wieder abzuarbeiten. Das

---

[34] Grengg, H.: Das Tauernkraftwerk als österr. Problem. Alpenländische Monatshefte.

Böhmer, H.: Baugeschichte der Kraftwerksgruppe „Glockner-Kaprun“, Festschrift 1951.

[35] Siehe Fußnote 11.

[36] Sonderschrift Schluchseewerk, Schluchseewerk A. G., Freiburg i. Br., 1951.

vorgesehene Ausmaß der Pumpspeicherung verdoppelt die jährliche Stromaufbringung der drei Kraftwerke (Abb. 26).

Eine Vergrößerung der Werksgruppe ist durch Beileitungen aus den benachbarten Abflußgebieten der badischen Murg, des Ibaches, der Schlücht und der Wutach geplant, mit je einem

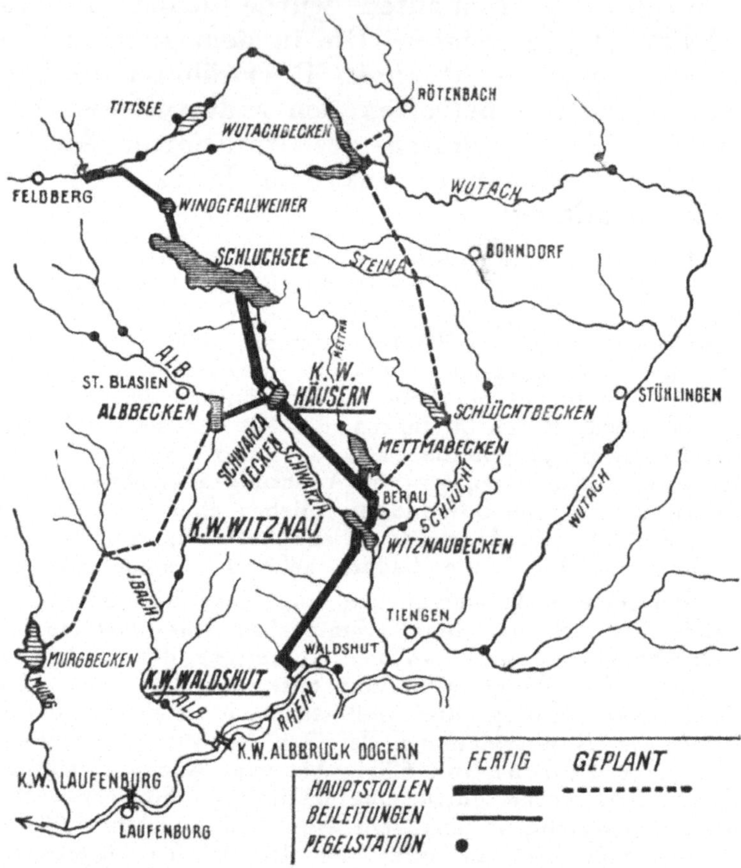

Abb. 26. Werksgruppe Schluchsee. Lageplan.

Speicherbecken in der Murg, in der Schlücht und in der Wutach. Der dadurch erzielte Arbeitsgewinn in den beiden unteren Stufen Witznau und Waldhut wird weitere 200 GWh betragen, so daß die Schluchseewerksgruppe im Endausbau ein Regeljahresarbeitsvermögen von 750 GWh besitzen wird. Gegen diese Beileitungen nehmen Kreise des Landschaftsschutzes Stellung; da ihre Wirtschaftlichkeit jedoch nicht negiert werden kann, darf erwartet werden, daß sie nach Fertigstellung der untersten Stufe in Angriff genommen werden können.

Zur Frage der **Pumpspeicherung** mögen einige retrospektive und energiewirtschaftliche Betrachtungen angestellt werden. Die ersten Pumpspeicher wurden zur Verwertung des überschüssigen Nachtwassers von Laufkräften errichtet, um durch Wasserspeicherung in einem hoch über dem Kraftwerk liegenden Becken und die darauffolgende Abarbeitung die Tagesspitzen zu decken. Es handelte sich dabei um ausgesprochene Kleinspeicherwerke, die sonst nicht verwertbaren Strom nutzbar machten. Der Wirkungsgrad — also das reziproke Verhältnis der in den Pumpen verbrauchten und der von den Turbinen dann geleisteten Arbeit —, gemessen an den Klemmen des Motor-Generators, betrug bei den älteren Anlagen 0,5 und ist heute auf 0,65 gestiegen. Die spezifischen Ausbaukosten eines Pumpspeicherwerkes betragen etwa 2500 bis 3000 S/kW; sie sind niedriger als die für ein kalorisches Kraftwerk. Es ist demnach klar, daß die Bedarfsspitzen billiger erzeugt werden können, wenn Abfallenergie eines Laufwerkes, die unbewertet bleiben oder nur sehr gering (etwa mit $^1/_{10}$ der normalen Mittelwerte) berechnet werden kann, verwendet wird. Solche Fälle werden heute aber nur selten, zumeist nur dann eintreten, wenn eine Kraftwerksgruppe in sich den Pumpstrom erzeugt und seine Menge von vornherein außer Ansatz bleibt.

Ein solcher innerer Ausgleich ist die tragende Idee des in Ausführung begriffenen Reißeckprojektes[37] in Kärnten (Abb. 27), das mehrere Karseen in 2300 bis 2500 m Meereshöhe als Speicher benützt. Sie haben infolge ihrer Höhenlage nur

---

[37] Werner, E.: Das Winterspeicherwerk Reißeck-Kreuzeck. Österr. Zeitschrift f. Elektrizitätswirtschaft, Heft 12, 1951.

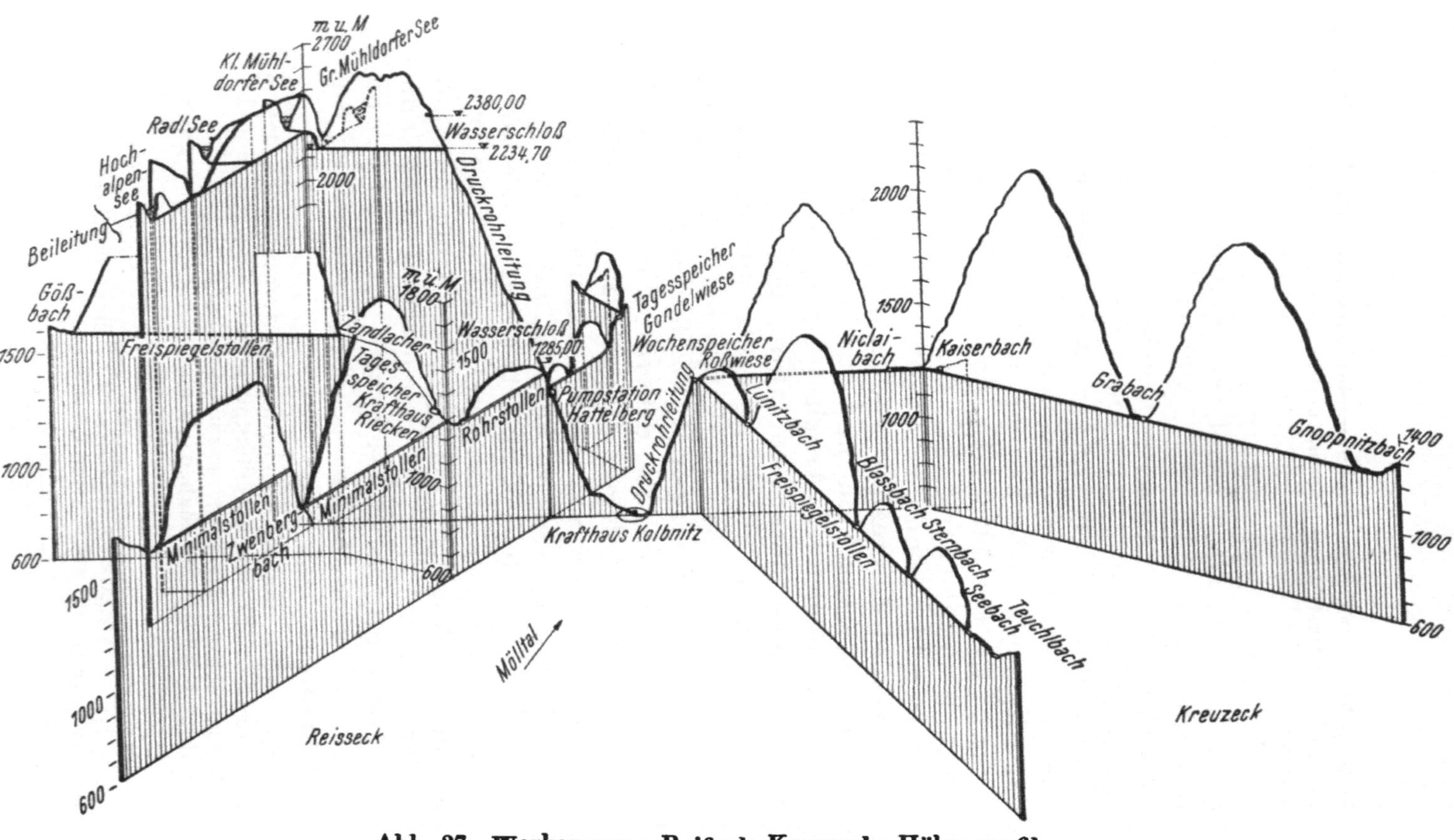

Abb. 27. Werksgruppe Reißeck-Kreuzeck. Höhenprofil

ganz kleine Nährgebiete und müssen daher künstlich gefüllt werden. Das Krafthaus Kolbnitz im Mölltal liegt auf 606 m Meereshöhe. In einer Höhe von 680 bis 750 m über dem Tal werden mehrere Bäche des Gebietes gefaßt und unter Einschaltung eines Kleinspeichers von rund 1 Mio m³ Inhalt im gemeinsamen Krafthaus ausgenutzt. Ein Teil der Zuflüsse wird mit der gewonnenen Arbeit in die Karseen gepumpt und für den Winter gespeichert. Es handelt sich hier also um eine Winterspeicherung mittels Pumpstrom.

Die Abflüsse der südlich des Mölltales liegenden Kreuzeckgruppe werden gleichfalls zu einer Laufwerksstufe in dem gemeinsamen Krafthaus zusammengefaßt. Es wird im Vollausbau über 120 MW verfügen; die Hälfte davon ist die Leistung der Speicherstufe.

Im Normalfall des Pumpspeicherwerkes, das, wie etwa das Schluchseewerk oder die bekannten Pumpspeicherwerke von Niederwartha und von Bringhausen in Mitteldeutschland, den Pumpstrom aus dem Verbundnetz bezieht, bedarf es aber einer anderen Überlegung. Wenn die obersten Spitzen im Tagesdiagramm ökonomisch zu decken sein sollen, so muß aus der Kohlenersparnis der Betriebsaufwand bezahlt werden können; daß dies tatsächlich unter bestimmten Voraussetzungen möglich ist, soll die nun folgende allgemeine Überlegung beweisen, die wohl ebenso wie meine eingangs dargelegte Rechnung mit runden Zahlen operiert, aber trotzdem die wirtschaftliche Grundidee nachweist. Nimmt man an, daß das oberste Sechstel bis Zehntel der Bedarfsspitze im Netz aus dem Pumpspeicherwerk gedeckt werden soll, so folgt aus der Belastungslinie je nach ihrer Steilheit eine Benutzungsdauer dieser Leistung von etwa 1000 bis 1400 Stunden. In einem Dampfkraftwerk braucht man bei dieser geringen Benutzungsdauer 6520 bis 5250 WE/kWh, vorausgesetzt einen Bestwert von 2900 WE/kWh bei dem durchgängigen Betrieb, der Grundlage für die Pumpstromlieferung ist. Das Verhältnis dieser Auswandziffern beträgt 1 : 2,25 bis 1 : 1,81. Da das Verhältnis der im Pumpspeicherwerk aufgewendeten zu der gewonnenen Energie 1,54 : 1 ist, so wird unter der Voraussetzung dieser Rechnung die Wertigkeit des Pumpspeichers bewiesen, wobei nicht übersehen werden darf, daß hiebei sehr zu ungunsten des Pumpspeichers gerechnet wurde, weil stillschweigend die festen Jahreskosten wegen der ähnlichen spezifischen Ausbaukosten gegeneinander gekürzt worden sind. Tatsächlich ist der Jahreskostenfaktor des hydraulischen Pumpspeicherwerkes wenig mehr als die Hälfte von dem des kalorischen Kraftwerkes, so daß noch eine breite Marge für allfällige „transmission liability", wie die Amerikaner die für Leitungen zusätzlich zu rechnenden Kostenanteile beim Wirtschaftsvergleich zwischen Wasser- und Wärmekraft nennen[38], bleibt, von der Überlegung ausgehend, daß das Wärmekraftwerk nahe dem Bedarfsschwerpunkt, das Wasserkraftwerk aber nur dort errichtet werden kann, wo die Wasserkraft anfällt. Eine alle Vergleichsmöglichkeiten ausschöpfende Berechnung über die Wirtschaftlichkeit von Pumpspeicherwerken hat die Deutsche Verbundgesellschaft angestellt und vor kurzem veröffentlicht. Sie kommt unter Zugrundelegung deutscher Kostenelemente zu einem, im Grundsätzlichen gleichen, positiven Ergebnis[39].

XIV. Verbundwirtschaft

Weder die zum Meere strömenden Gewässer noch der elektrische Strom in seinen Leitungen kennen und anerkennen die von den Menschen nach ihrer Willkür gezogenen — offenen oder ge-

---

[38] Craeger u. Justin: Hydroelectric Handbook, New York, 1950.

[39] Die wirtschaftliche und technische Bedeutung neuer Pumpspeicherwerke für den elektrischen Verbundbetrieb in Deutschland. Deutsche Verbundgesellschaft e. V. — Heidelberg, 1950.

schlossenen — künstlichen Grenzen der Staaten. Alle Überlegungen zur Ökonomisierung der in der Wasserwirtschaft im allgemeinen, in der Wasserkraft- und in der Elektrizitätswirtschaft im besonderen zu lösenden Aufgaben führen zum Schlusse zu dem Problem, die technischen-wirtschaftlichen Lösungen ohne Rücksicht auf die Grenzen der einzelnen Staaten zu suchen. Daß eine solche Forderung richtig ist, ist schon sehr früh erkannt worden, und wird bewiesen durch die althergebrachte Ausnutzung von längsgeteilten Grenzgewässern in Flußkraftwerken, an denen die beiden Nachbarstaaten, entsprechend bestimmten Grundsätzen, die durch Wasserführung und Grenzverlauf bedingt sind, Anteil haben, und neuestens durch die beabsichtigte Ausnutzung von übertretenden Gewässern, bei denen etwa die Speicheranlage dem einen (oberliegenden), die Fallhöhe dem anderen (unterliegenden) Staate angehören mag. Hier erwachsen in zunehmendem Maße von der Natur gestellte Aufgaben zwischenstaatlicher Art, die helfen werden, aus der Vergangenheit stammende Gegensätze auszugleichen.

Dies gilt übrigens ganz ähnlich für die elektrische Verbundwirtschaft, die die Grenzen der Staaten überwinden muß, wenn sie die notwendigen größtmöglichen Erfolge erzielen will. Aus der erwähnten elektrischen Koppelung des Laufkraftwerkes Beznau und des Speicherkraftwerkes Löntsch hat sich ein Zusammenschluß der Verteilungsnetze durch Höchstspannungsleitungen entwickelt, der sich über ganz Mitteleuropa erstreckt. Die Ungleichzeitigkeit der Belastungsspitzen in den einzelnen Versorgungsgebieten, die Ungleichheit ihrer Belastungsganglinien überhaupt führen zu deren Glättung, und zwar um so weitergehend, je weiträumiger der Verbundbetrieb ist. Neben diesem von der Verbrauchsseite her begründeten Tatbestand tritt der durch die Verschiedenheit der Ganglinien des Wasserabflusses in den einzelnen Teilen Mitteleuropas bewirkte Ausgleich des Dargebotes an Wasserkraftleistung in Erscheinung, ganz abgesehen davon, daß die Vermaschung der Netze die Ansprüche an die Haltung von Leistungsreserven vermindert. Die weitestgehende Ausnützung aller dieser Möglichkeiten führt zur Schaffung zentraler „Lastverteiler" für größere Bereiche, die weitreichende Befehlsgewalt hinsichtlich des Einsatzes der Werke haben müssen. So regelt der Hauptlastverteiler der österr. Verbundgesellschaft — nicht zu verwechseln mit dem Bundeslastverteiler, einem behördlichen Organ, das auf Grund eines besonderen Gesetzes verbrauchsregelnd wirkt — von der Erzeugungsseite her auf Grund freiwilliger Vereinbarungen nach wirtschaftlichen Erfordernissen den Betrieb und den Einsatz zahlreicher Kraftwerke, die nicht ihr, sondern den Landes- und den Sondergesellschaften gehören. Bedachtnahme auf die möglichst vollkommene Ausnützung der Wasserführung ist eine der wichtigsten Voraussetzungen für seine Arbeit, und dieser Grundsatz wird auch auf die internationale Verbundwirtschaft angewendet werden müssen. Eine in der Schweiz oder in Österreich aus Wasserkräften erzeugte kWh ersetzt eine kalorisch gewonnene in Belgien, Deutschland oder Frankreich im Sommer genau so wie im Winter. Man wird daher von der hergebrachten vergleichenden Bewertung der Wasserkraftenergie gegenüber kalorischer Energie abgehen und von einem höheren Gesichtspunkt aus den verfügbaren Wasserkraftstrom einsetzen müssen, anstatt das Wasser hier ungenützt über die Wehre abfließen zu lassen und dort Kohle zu verbrennen, nur weil das die Rücksicht auf die Geschäftsbilanz empfehlenswert macht. Wird so die Ausnützung der Wasserkraftwerke verbessert, muß bei integraler Betrachtung ein Nutzen für die gesamte Elektrizitätswirtschaft, also sowohl für die Wasserkraft als auch für die Dampfkraft resultieren.

XV. Mehrzweckanlagen

Im gleichen Sinne befruchtend auf die Wasserkraftnutzung und somit auf die Elektrizitätswirtschaft wirkt die Ausführung von Mehrzweckanlagen. Wie schon erwähnt, versteht man darunter Anlagen, die mehreren Zwecken zugleich dienen, z. B. der Wasserkraftnutzung und der Schiffahrt, oder diesen beiden und außerdem der Bewässerung und dem Hochwasserschutz, etwa auch dem Hochwasserschutz und der Wasserversorgung, kurz, Aufgaben in verschiedenen Sparten der Wasserwirtschaft in bunter, fallweiser Kombination. An Stelle einer wasserwirtschaftlichen Teilaufgabe kann gar wohl auch eine einem anderen Gebiet der Wirtschaft angehörende Ausgabe treten, wie etwa Landbeschaffung, Verkehrsentwicklung usw. Klassische Beispiele sind und bleiben für diese Gruppe von Wasserbauvorhaben die „Kanalisierung nicht schiffbarer Flüsse", bei denen durch Stautreppen Schiffahrt und Wasserkraftnutzung gleichzeitig bedient und die Aufwendung für die Maßnahmen zugunsten der Schiffahrt vom Staate aus öffentlichen (Haushalts-) Mitteln getragen werden, während die Elektrizitätsversorgung nur mehr den restlichen Aufwand zu decken hat, ferner die Talsperrenbauten für Hochwasserschutz und Wasserversorgung sowie jene für Hochwasserschutz und Schiffahrtswasseranreicherung. Für alle diese Gruppen sind bekanntlich in Deutschland richtungweisende Vorbilder zu finden, wie Main- und Neckarkanalisierung, die Talsperren in Mitteldeutschland, im Ruhrgebiet, im Harz, in Sachsen und in Schlesien. Den Höhepunkt dieser Entwicklung stellen die wasserwirtschaftlichen Baumaßnahmen in den großen nordamerikanischen Stromgebieten dar, für die durch staatliche Gesetzgebung Behörden mit Unternehmeraufgaben geschaffen wurden, wie im Tennessee-, im Missouri- und anderen Flußgebieten, wobei die Wasserkraftnutzung nur nebenbei anfällt im Rahmen einer, man ist fast versucht zu sagen „totalen Wirtschaftsplanung" in einer nach wasserwirtschaftlichen Grundidee begrenzten Landschaft[40].

XVI. Finanzierung

Das schwierigste Problem stellt die Finanzierung des Wasserkraftbaues dar, für die — wenn man von der Schweiz mit ihrem Kapitalsüberschuß und Schweden absieht — in kaum einem Staate Mitteleuropas eine befriedigende Lösung gefunden worden ist.

Nur die Hilfe des Marshallplanes hat hier zumeist den Wasserkraftbau aufrechterhalten. Die gesteigerten Ansprüche an die Elektrizitätsversorgung, der zunehmende Bedarf an elektrischem Strom können nur durch den Bau neuer Werke mit neuen Leitungen gedeckt werden. Der Kreis unserer Betrachtungen kehrt damit zu seinem Ausgangspunkt zurück.

In allen mitteleuropäischen Staaten angestellte Untersuchungen haben zu der Erkenntnis geführt, daß im großen Durchschnitt in acht bis

---

[40] Ammann, A.: Wasserwirtschaft in den Vereinigten Staaten. Österr. Wasserwirtschaft, Heft 8/9, 1951.
Wirnschimmel, O.: Flußkraftwerke in den Vereinigten Staaten. Die Studienreise. Schriftenreihe des Österreichischen Produktionszentrums. Wien, 1951.

zehn Jahren mit einer Verdoppelung des Strombedarfes zu rechnen ist. Das bedeutet, daß jedes Jahr Leistung und Arbeitsvermögen der verfügbaren Kraftwerke um 8 bis 10 % gesteigert werden müssen, wenn man Erzeugung und Bedarf in Einklang bringen will. Schwerste Einschränkungen der industriellen Entwicklung wären die untragbaren Folgen eines anderen Vorgehens.

Nun sind aber in den letzten Jahren Steigerungen des Stromverbrauches eingetreten, die weit über diese Mittelwerte hinausgehen, z. B. von 1950 auf 1951 solche bis über 20 %. Die Elektrizitätswirtschaft befindet sich gegenüber dem Verbrauch in einer gründlich anderen Lage als alle übrigen Wirtschaftszweige. Denn der elektrische Strom kann, ohne Mitwirkung des Erzeugerwerkes von dem Verbraucher durch Aufdrehen eines Schalters, durch Anlassen eines Motors aus dem Netze einfach bezogen, förmlich geraubt, und braucht viel später erst bezahlt zu werden. Die einzige Abwehr des Netzes gegen übermäßige Entnahme von Strom ist sein Zusammenbruch. Um ihn zu vermeiden, muß Reserveleistung vorhanden sein und die Gesamtleistung durch ständigen Ausbau neuer Werke mit dem wachsenden Verbrauch einigermaßen Schritt halten können. Was nützt es, wenn die Stromverbraucher in Gewerbe und Landwirtschaft, die Industrie und der Konsument im Haushalt neue, Arbeitskraft sparende Maschinen oder gar Wärmegeräte einstellen und die Elektrizitätswirtschaft dann nicht über die erforderliche Leistung verfügt? Die erste Forderung für die Entwicklung der Wirtschaft ist der Ausbau neuer Kraftwerke. Es ist allbekannt — und auch wieder eine in allen Staaten Mitteleuropas zu verzeichnende Tatsache —, daß die aus dem Betriebe der Elektrizitätswirtschaft fließenden Mittel in Anbetracht der gegen die Entwertung der Währungen stark zurückgebliebenen Stromerlöse nur einen kleinen Teil des dazu erforderlichen Aufwandes decken können, auch wenn alle aus dem Betriebe abziehbaren Geldmengen — Abschreibungen, Erneuerungs-, Tilgungsfonds-, Kapitalzinsen usw. — herangezogen werden.

Die Bereitstellung weiterer Mittel unter wesentlicher Beteiligung der wichtigsten Konsumenten, vor allem der den Strom verbrauchenden Industrie ist daher eine unabweisbare Forderung der Elektrizitätswirtschaft. Wann hätte in früheren Zeiten eine Industrie neue Betriebe eingerichtet, ohne sich den hiezu erforderlichen Strom gesichert zu haben?

Es werden neue Wege der Finanzierung gefunden und gegangen werden müssen, wenn wir nicht einen Zusammenbruch mit den ärgsten Folgen erleben wollen. Auch die Beteiligung der kleinsten Verbraucher an der Finanzierung scheint möglich, wenn ein äquivalenter Strombezug und damit der Wert der Einlage gesichert würde. Leider ist diese Erkenntnis noch nicht weit genug verbreitet und ein unverständlicher Egoismus in der Wirtschaft glaubt immer wieder — trotzdem die Mangellage in der Elektrizitätsversorgung ein steter Mahner sein sollte —, die eigenen Betriebsausweitungen vor die Erfordernisse der Stromversorgung stellen zu dürfen.

Der Notschrei der Vereinigung Deutscher Elektrizitätswerke vom Januar 1951[41], ein flammender Appell an die Öffentlichkeit, beweist, wie dringend hier eine Abhilfe ist. Auch auf der Vortragstagung der Vereinigung Deutscher Elektrizitätswerke, die am 8. und 9. Oktober 1951 in München stattgefunden hat, ist diese Forderung noch-

---

[41] Fast sechs Jahre Erfahrungen verpflichten zu einer ernsten Mahnung. VDEW, Frankfurt a. M., 1951.

mals mit allem Nachdruck formuliert worden. Die Wasserkraftwirtschaft darf erwarten, daß von den hiezu Berufenen diese neuen Wege für die Beschaffung der Mittel für den weiteren Ausbau gefunden werden; ihre Techniker haben den Willen und das Wissen, diese Mittel mit dem besten Wirkungsgrad einzusetzen und der Elektrizitätsversorgung dienstbar zu machen.

Inzwischen ist in Westdeutschland das Investitionshilfegesetz beschlossen worden, das der Energiewirtschaft für bestimmte Investitionen Abschreibungen bis 50 v. H. erlaubt und der übrigen Wirtschaft die Aufbringung von 1 Mia DM vorschreibt, von denen 380 Mio der Energiewirtschaft zugute kommen werden[42].

XVII. Schlußbemerkung

Es ist gezeigt worden, daß die Kraftwasserwirtschaft eine große Zahl von Problemen stellt, deren Lösung mehr verlangt als den geübten Gebrauch des Rechenschiebers und die noch so exzellente Handhabung von Zeichentisch und Zeichenstift, die mechanischen Werkzeuge des Ingenieurs, und mehr als die nüchterne Konstruktionsarbeit des im Materiellen Haftengebliebenen, des Handwerkers. Der Wasserkreislauf, der Gegenstand der Wasserwirtschaft, ist kein toter Baustoff, der nur einfache Rechen- und Konstruktionsaufgaben stellt — von den Ausübenden wird tiefstes Verständnis für die Zusammenhänge in der Landschaft wie in der gesamten menschlichen Wirtschaft gefordert. Dieser Forderung muß auch

---

[42] Gesetz vom 7. 1. 1952 über die Investitionshilfe der gewerblichen Wirtschaft. BGBl. I, 1952, Nr. 1 vom 9. Januar 1952. Das Gesetz sieht auch eine Änderung des Preisgesetzes vom 10. 4. 1948 vor, die der Energiewirtschaft unter bestimmten Voraussetzungen eine angemessene Preiserhöhung ermöglicht.

die Erziehung der jungen Wasserwirtschaftsingenieure Rechnung tragen. Es sei hier in Anlehnung an den Soziologen Max Weber der Begriff „verstehende Wasserwirtschaft" vorgeschlagen, der zum Ausdruck bringen möge, daß wir den Sinn und die ganze Bedeutung dessen erkennen, was unsere Tätigkeit erreichen soll, daß wir wissen, was wir zu tun haben und wie wir es tun müssen, daß wir uns aber auch klar darüber sind, daß es in unserem Vermögen liegt.

Wenn wir dies verstehen: wem ziemt dann mehr Ehrfurcht vor der Naturgewalt als gerade uns, den ausübenden Wasserwirtschaftlern; führt uns unser Element doch immer wieder vor Augen, wie wenig wir selbst von seinen Erscheinungsgrößen und den dynamischen Kräften seines Ablaufes wissen. — Wer wäre nicht erschüttert von den Naturkatastrophen, die uns ganz unvorbereitet immer wieder zustoßen? Ohnmächtig stehen wir trotz allen Fortschritten unserer Technik dem Rhythmus des Wasserkreislaufes gegenüber, der so unbeeinflußbar ist wie die Energiequelle, die seine Bewegung bewirkt und regelt.

Wenn ihr's nicht fühlt, ihr werdet's nicht erjagen! Einfühlen in die Naturvorgänge und die Bedürfnisse der Landschaft, Erkennen des Möglichen, sind wesentliche Voraussetzungen für die Wasserwirtschaft, die — wie uns die Geschichte des Entstehens und Vergehens der großen Kulturstaaten des nahen und fernen Ostens im Altertum lehrt — eine der hauptsächlichsten Grundlagen für den Bestand der menschlichen Kultur ist.